国家中职示范校建设开发教材

维修电工技能训练

WEI XIU DIAN GONG JI NENG XUN LIAN

主　编：陈爱民

副主编：何德生

本教材以典型工作任务为导向，按照工学结合，一体化教学模式进行编写。

图书在版编目（CIP）数据

维修电工技能训练 / 陈爱民主编. —北京：经济管理出版社，2015.7
ISBN 978-7-5096-3711-1

Ⅰ. ①维… Ⅱ. ①陈… Ⅲ. ①电工—维修 Ⅳ. ①TM07

中国版本图书馆 CIP 数据核字（2015）第 071496 号

组稿编辑：魏晨红
责任编辑：魏晨红 魏云峰
责任印制：黄章平
责任校对：雨 千

出版发行：经济管理出版社
（北京市海淀区北蜂窝 8 号中雅大厦 A 座 11 层 100038）
网 址：www. E-mp. com. cn
电 话：(010) 51915602
印 刷：三河市延风印装有限公司
经 销：新华书店
开 本：787mm × 1092mm/16
印 张：13.25
字 数：321 千字
版 次：2015 年 7 月第 1 版 2015 年 7 月第 1 次印刷
书 号：ISBN 978-7-5096-3711-1
定 价：32.00 元

编委会

主　任　李自云

副主任　闵　珏

编　委　张孟培　席家永　杨佩坚　李万翔　周建云

　　　　　张洪忠　叶晓刚　金之椰　朱志明　李云海

编审人员

主　编　陈爱民

副主编　何德生

参　编　高忠祥　叶晓刚　毕贵生　江荣富　曲　颖　陈　阅

前言

技能型人才是人才队伍的重要组成部分，是我国社会主义建设的重要力量，技工院校一直是系统培养技能型人才的重要基地，在为社会输送技能型人才过程中扮演着十分重要的角色。为适应技能人才培养模式的转变，遵循人才培养规律，结合技工教育的现状和国家职业技能鉴定维修电工工种的要求，在企业用工需求充分调研的基础上，编写了《维修电工技能训练》实训教材。

教材编写遵循“由易到难，由小到大”的规律，根据“实用、易学、好教”的原则编写。在内容上不求全面，突出基础性、实用性和可操作性，以技术应用能力为主线、以项目课程为主体、以职业能力为本位、重视素质教育的模块化课程体系。突出“能力、应用、技术”的特色，理论内容不考虑系统性和连续性，力求管用、适用、够用，合理确定知识目标、能力目标。本书按知识与技能的掌握程度，采取循序渐进的方法，设计了大量的让学生分析、讨论和动手环节，充分调动学生学习的主动性和积极性，通过这些教学活动、教学方法的设计，强化教学的互动性；在结构上，按项目化、模块化的方式布置。

教材采用任务引领的教学模式，每个任务由工作任务情景、工作任务准备、工作任务指引、工作任务记录、工作任务笔记、工作任务评价、工作任务拓展及课后思考与实践八部分组成。目的是帮助学生进一步理解本课程的基本内容，明确学习的基本要求，掌握重点、难点，通过习题练习加深理解、巩固教材内容，掌握本课程的基本理论、基础知识、基本方法和基本技能，从而达到良好的学习效果。

本书的内容为维修电工的主要领域，既可用于中等职业院校机械、机电等专业教学使用，也可用于企业人员的技能培训。

本书在编写过程中得到了楚雄技师学院各级领导、老师大力的支持和帮助，在此表示感谢。

因编者水平有限，书中难免有错漏之处，敬请广大读者批评指正。

编者

2015年3月

目 录

项目一　三相异步电动机的启动控制线路安装与调试

任务一　常用低压电器的认识

学习目标

（1）熟练掌握用低压电器元件的识别，并根据实际情况正确选择和使用元件；
（2）掌握常用低压电器元件的简单拆装和维修方法；
（3）能根据任务要求完成工作任务；
（4）认真填写相关资讯问答题；
（5）对学习过程和实训成果进行总结。
建议课时：10 学时

工作任务情境

机械加工厂新进了一批车床设备，工厂负责人要求维修电工对设备控制部分所用到的元件，分别从名称、功能用途等各方面对操作工人进行介绍。

工作任务准备

一、常用低压电器

所谓电器就是一种能根据外界的信号和要求，手动或自动地接通或断开电路，实现对电路或非电对象的切换、控制、保护、检测和调节的元件或设备。

低压电器是指在交流额定电压 1200V 及以下、直流额定电压 1500V 及以下的电路中起通断、保护、控制或调节作用的电器产品。可分为控制电器、配电电器、保护电器、主令电器、执行电器等。

（一）低压熔断器（**FU**）

低压熔断器的作用是在线路中作短路保护，通常简称熔断器。使用时，熔断器应串联在被保护的电路中，正常情况下熔断器的熔体相当于一段导线。当电路中发生短路故障时，熔体能迅速熔断分断电路，从而起到保护线路和电气设备的作用。熔断器是应用最普遍的保护器件之一。如图 1–1–1 所示。

图 1–1–1　低压熔断器外形及符号

1. 型号及含义

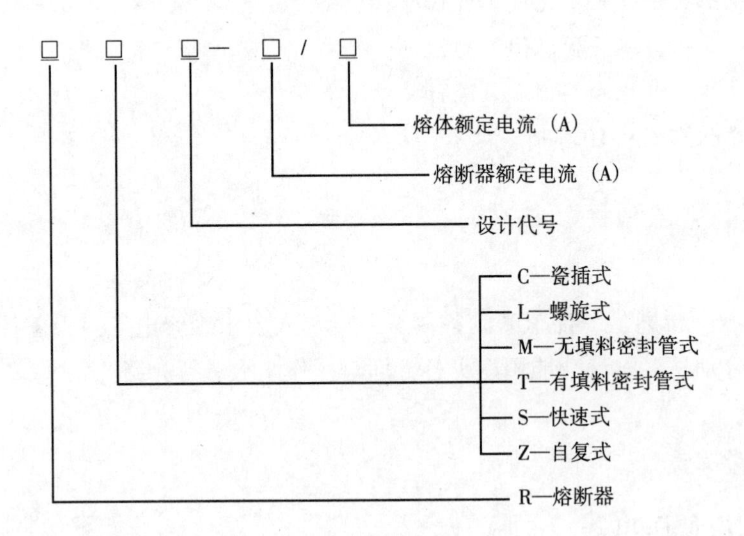

例如，型号 RC1A – 15/10 中，R 表示熔断器，C 表示瓷插式，设计代号为 1A，熔断器额定电流为 15A，熔体额定电流为 10A。

2. 常用熔断器

（1）RC1A 系列瓷插式熔断器。如图 1–1–2 所示。

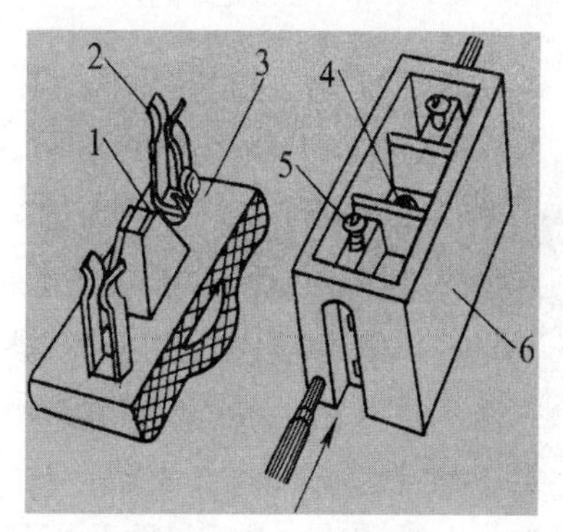

图 1-1-2　RC1A 系列瓷插式熔断器外形及结构

特点：结构简单，价格低廉，更换方便，使用时将瓷盖插入瓷座，拔下瓷盖便可更换熔丝。

应用：额定电压 380V 及以下、额定电流为 5~200A 的低压线路末端或分支电路中，作线路和用电设备的短路保护，在照明线路中还可起过载保护作用。

（2）RL1 系列螺旋式熔断器。如图 1-1-3 所示。

1—瓷套　2—熔断管　3—下接线座　4—瓷座　5—上接线座　6—瓷帽

图 1-1-3　RL1 系列螺旋式熔断器外形及结构

特点：熔断管内装有石英砂、熔丝和带小红点的熔断指示器，石英砂用以增强灭弧性能。熔丝熔断后有明显指示。

应用：在交流额定电压 500V、额定电流 200A 及以下的电路中，作为短路保护器件。

（3）RM10 系列封闭管式熔断器。如图 1-1-4 所示。

特点：熔断管为钢纸制成，两端为黄铜制成的可拆式管帽，管内熔体为变截面的熔片，更换熔体较方便。

应用：用于交流额定电压 380V 及以下、直流 440V 及以下、电流在 600A 以下的电力线路中。

（4）RT0 系列有填料封闭管式熔断器。如图 1-1-5 所示。

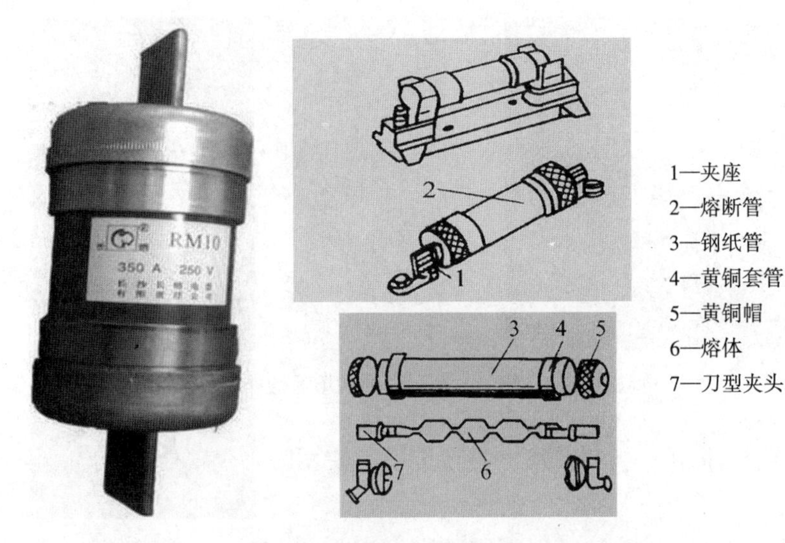

图 1–1–4　RM10 系列封闭管式熔断器外形及结构

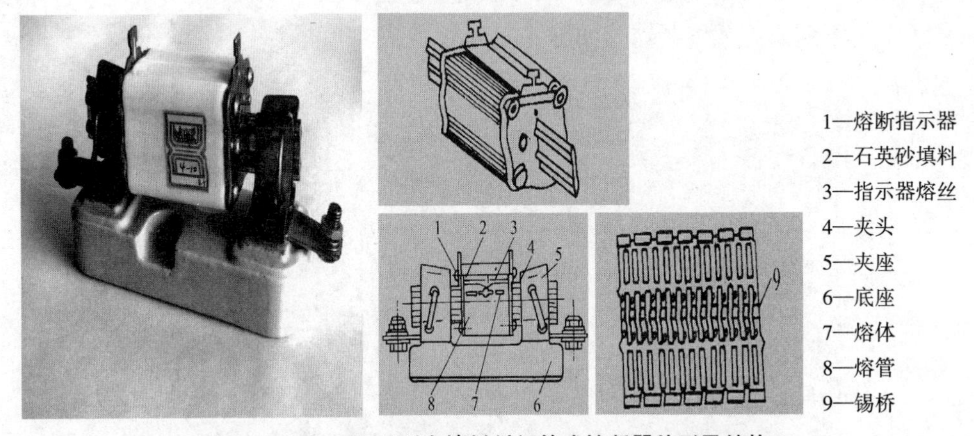

图 1–1–5　RT0 系列有填料封闭管式熔断器外形及结构

特点：熔体是两片网状紫铜片，中间用锡桥连接。熔体周围填满石英砂起灭弧作用。

应用：用于交流 380V 及以下、短路电流较大的电力输配电系统中，作为线路及电气设备的短路保护及过载保护。

（5）NG30 系列有填料封闭管式圆筒帽形熔断器。如图 1–1–6 所示。

特点：熔断体由熔管、熔体、填料组成，由纯铜片制成的变截面熔体封装于高强度熔管内，熔管内充满高纯度石英砂作为灭弧介质，熔体两端采用点焊与端帽牢固连接。

应用：用于交流 50Hz、额定电压 380V、额定电流 63A 及以下工业电气装置的配电线路中。

（6）RS0、RS3 系列有填料快速熔断器。如图 1–1–7 所示。

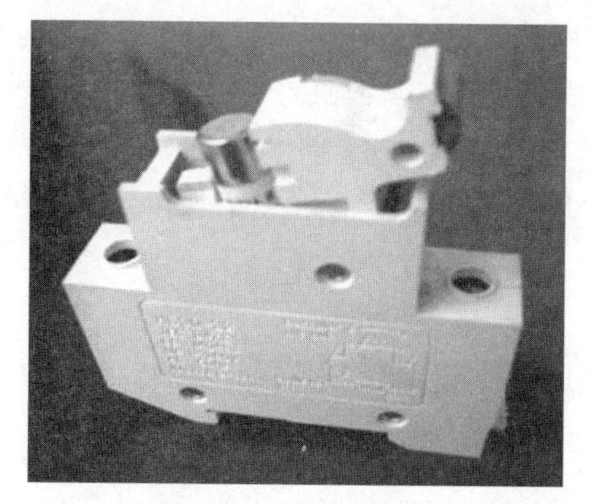

图 1-1-6　有填料封闭管式圆筒帽形熔断器外形

图 1-1-7　RS0、RS3 系列有填料快速熔断器外形

特点：在 6 倍额定电流时，熔断时间不大于 20ms，熔断时间短，动作迅速。

应用：主要用于半导体硅整流元件的过电流保护。

（7）自复式熔断器。如图 1-1-8 所示。

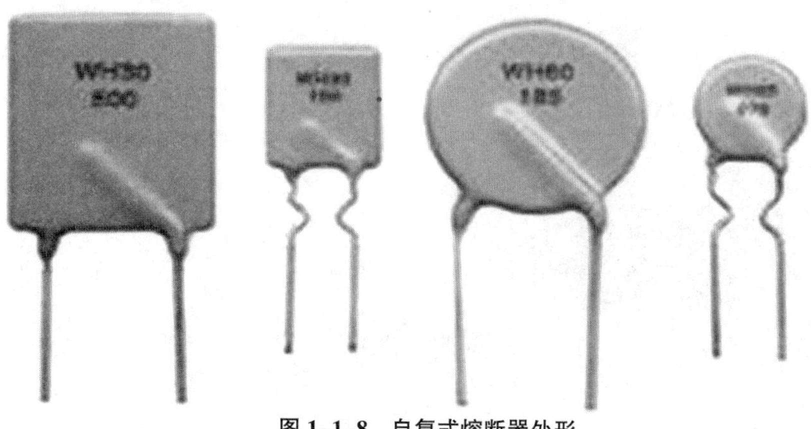

图 1-1-8　自复式熔断器外形

特点：在故障短路电流产生的高温下，其中的局部液态金属钠迅速汽化而蒸发，阻值剧增，即瞬间呈现高阻状态，从而限制了短路电流。当故障消失后，温度下降，金属钠蒸气冷却并凝结，自动恢复至原来的导电状态。

应用：用于交流 380V 的电路中与断路器配合使用。熔断器的电流有 100A、200A、400A、600A 四个等级。

3. 选用

熔断器额定电压必须大于或等于线路的额定电压，熔断器额定电流必须大于或等于所装熔体的额定电流。

4. 熔断器的安装

瓷插式熔断器应垂直安装，螺旋式熔断器接线时，电源线应接在下接线座上，负载线应接在上接线座上，以保证能安全地更换熔管。

（二）低压开关

一般为非自动切换电器，主要作为隔离、转换、接通和分断电路用。可分为低压断路器、负荷开关和组合开关三大类。

1. 低压断路器（QF）

（1）低压断路器的功能及应用。低压断路器又名空气开关，当电路内发生过载、短路、零压和欠压故障时，能自动跳闸切断电路，从而对线路和电气设备进行可靠的保护。其绝缘介质为空气，是用手动（或电动）合闸，用锁扣保持合闸位置，由脱扣机构作用于跳闸并具有灭弧装置的低压开关，被广泛用于 500V 以下的交、直流装置中。

低压断路器的动、静触头及触杆设计形式多样，但提高断路器的分断能力是主要目的。利用一定的触头结构，限制分断时短路电流峰值的限流原理，对提高断路器的分断能力有明显的作用，而被广泛采用。安装时应垂直安装电源线接在上端，负载线接在下端。如图 1-1-9 所示。

图 1-1-9 低压断路器结构和符号

（2）低压断路器的型号及含义：

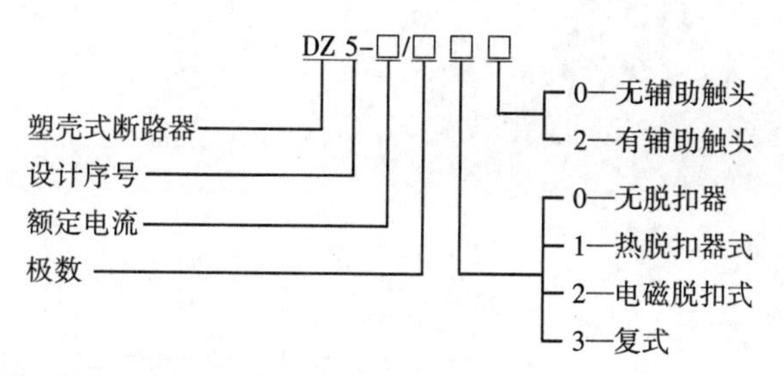

（3）常见的低压断路器。如图 1–1–10 所示。

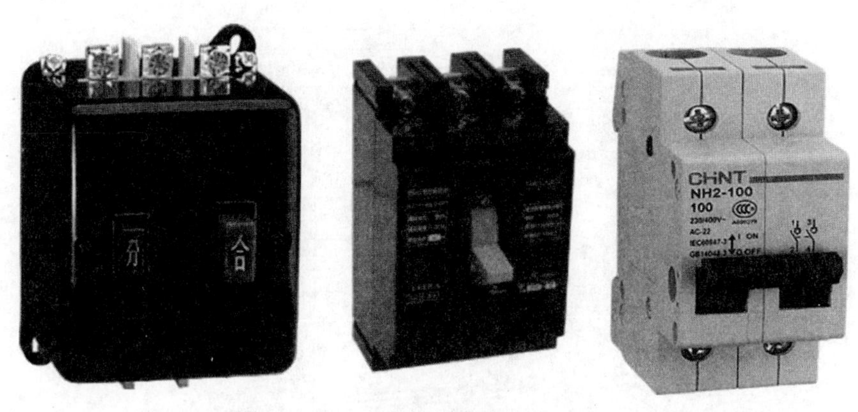

图 1–1–10　几种低压断路器的外形

2. 负荷开关（QS）

可分为开启式负荷开关和封闭式负荷开关。开启式负荷开关即为刀开关，如图 1–1–11 所示，结构简单，价格便宜，手动操作，适用于交流频率 50Hz、额定电压 220V 或 380V，额定电流 10~100A 的照明、电热设备及小容量电动机等不需要频繁接通和分断电路的控制线路，并起保护作用。安装时应垂直安装在控制屏或开关板上，且合闸状态时手柄应朝上，不允许倒装或平装，以防发生误合闸事故，且电源进线接在静触头一边的进线座，负载接在动触头一边的出线座。

封闭式负荷开关也称铁壳开关，用于手动不频繁的接通和分断带负载的电路及线路末端的短路保护，或控制 15kW 以下小容量交流电动机的直接启动和停止。安装时必须垂直安装于无强烈震动和冲击的场合，安装高度一般不低于 1.3~1.5m，外壳必须可靠接地。如图 1–1–12 所示。

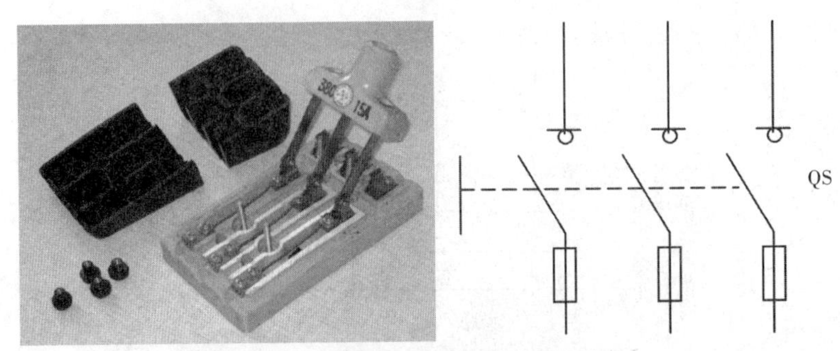

图 1-1-11　开启式负荷开关外形及符号

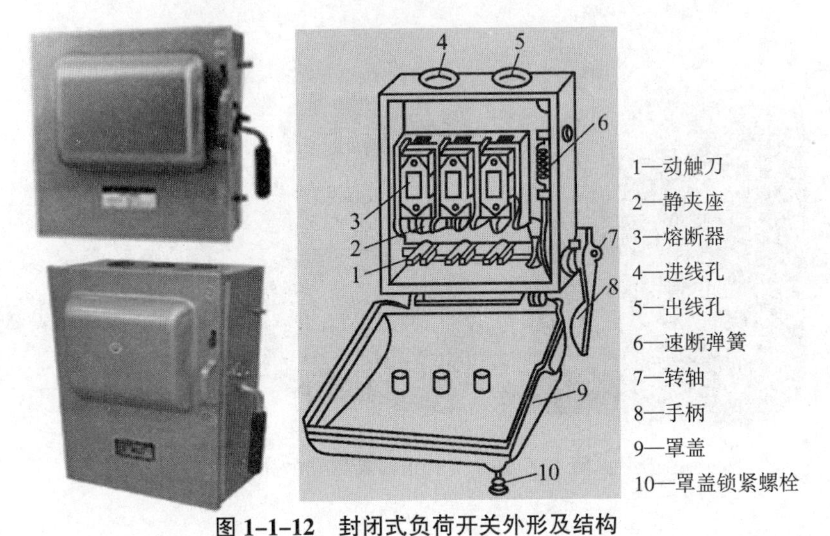

图 1-1-12　封闭式负荷开关外形及结构

开启式负荷开关型号及含义：

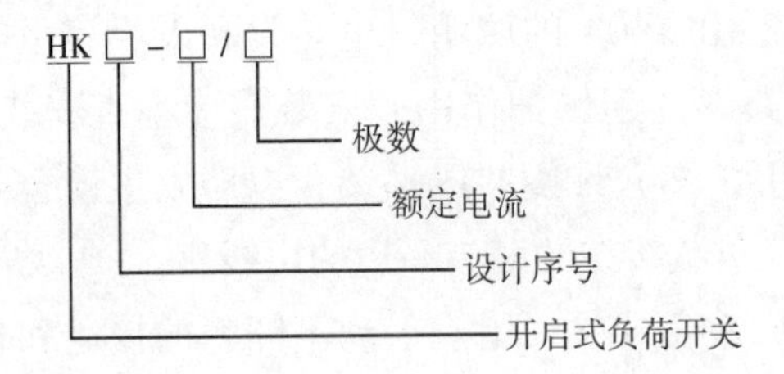

封闭式负荷开关型号及含义：

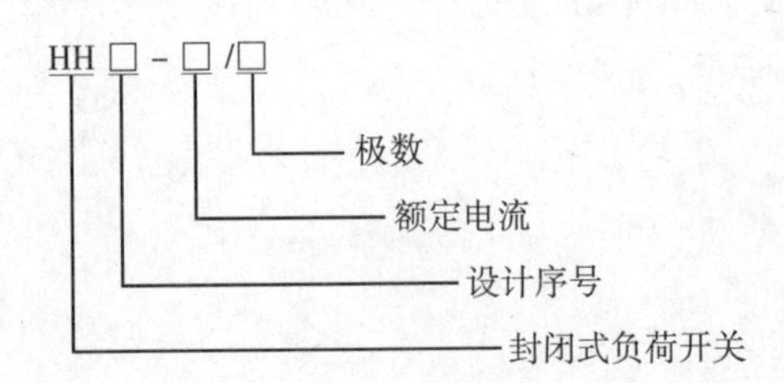

3. 组合开关（QS）

组合开关又称转换开关，适用于交流频率 50Hz、电压至 380V 以下，或直流 220V 以下的电气线路中，用于手动不频繁的接通和分断电路、换接电源和负载，或控制 5kW 以下小容量电动机启动、停止和正反转。如图 1-1-13 所示。

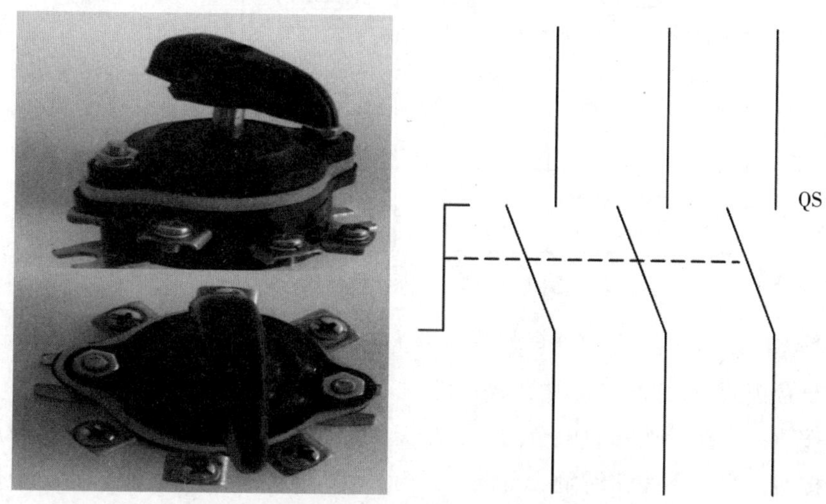

图 1-1-13 HZ10-10/3 型组合开关外形及符号

（三）主令电器

常用的主令电器有按钮、行程开关、万能转换开关、主令控制器等。

1. 按钮（SB）

按钮是一种用人体某一部分施加力而操作，并具有弹簧储能复位的控制开关。常见的按钮如图 1-1-14 所示。

图 1-1-14 按钮外形

按钮的触头允许通过的电流较小，一般不超过 5A。因此，一般情况下，它不直接控制主电路，而是在控制电路中控制接触器、继电器等，再由它们去控制主电路的通断、功能转换或电气联锁。按钮安装在面板上应布置整齐，排列合理。如图 1-1-15 所示。

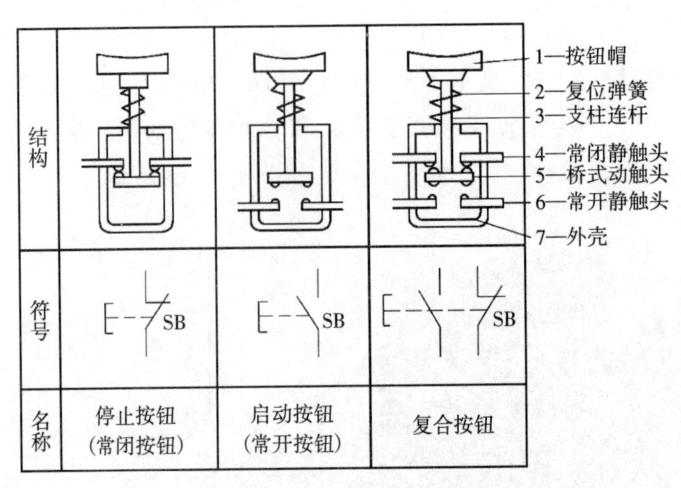

图 1-1-15　按钮结构与符号

按钮静态时，根据触头的分合状态，分为启动按钮（常开按钮）、停止按钮（常闭按钮）和复合按钮（常开、常闭触头组合为一体的按钮）。

启动按钮：当按下按钮时触头闭合，松开按钮时触头自动断开复位，一般用绿色。

停止按钮：当按下按钮时触头分断，松开按钮时触头自动闭合复位，一般用红色。

复合按钮：当按下按钮时，常闭触头先断开，常开触头后闭合，当松开按钮时，常开触头先分断复位后，常闭触头再闭合复位。一般用黑色或灰、白色。

按钮的颜色如表 1-1-1 所示。

表 1-1-1　按钮颜色分类

颜　色	含　义
红	紧急
黄	异常
绿	安全
蓝	强制性的
白	未赋予特定含义
灰	
黑	

按钮的型号及含义：

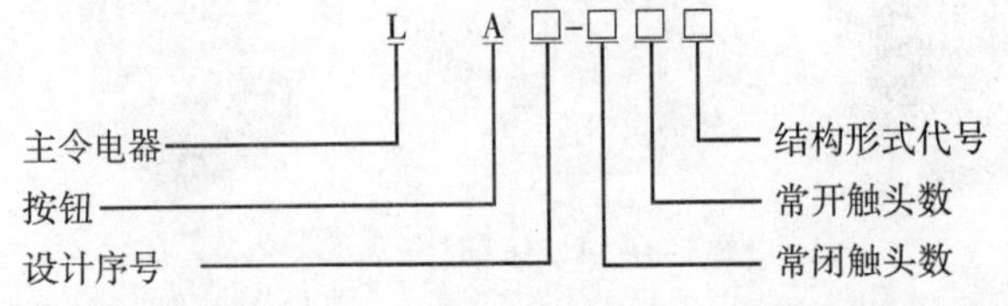

K—开启式，H—保护式，S—防水式，F—防腐式，J—紧急式，X—旋钮式，Y—钥匙操作式，D—光标按钮

2. 行程开关（SQ）

行程开关是一种利用生产机械某些运动部件的碰撞来发出控制指令的主令电器。

行程开关安装时，位置要准确，安装要牢固，滚轮的方向不能装反，挡铁与其碰撞的位置应符合控制线路的要求，并确保能可靠地与挡铁碰撞。如图 1–1–16、图 1–1–17、图 1–1–18 所示。

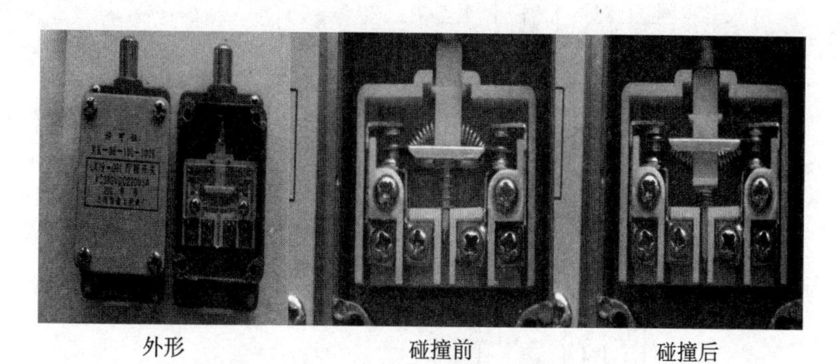

图 1–1–16　行程开关外形

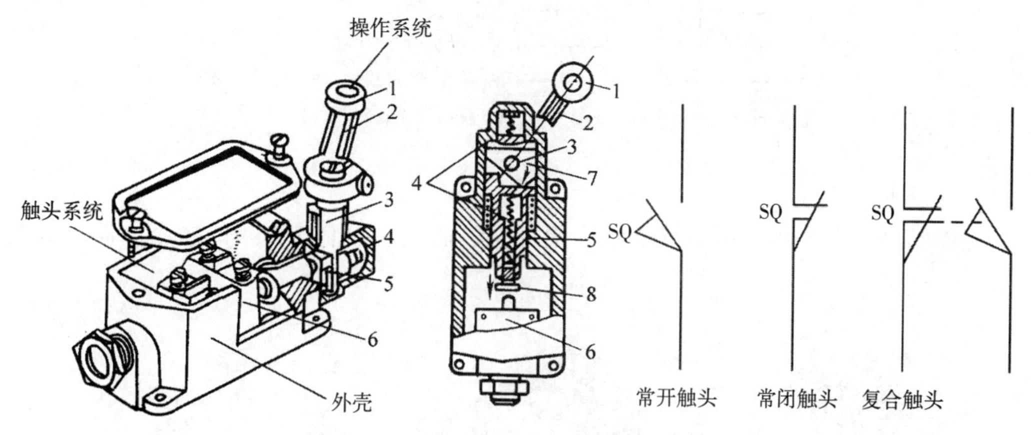

1—滚轮，2—杠杆，3—转轴，4—复位弹簧，5—撞块，6—微动开关，7—凸轮，8—调节螺钉

图 1–1–17　行程开关结构

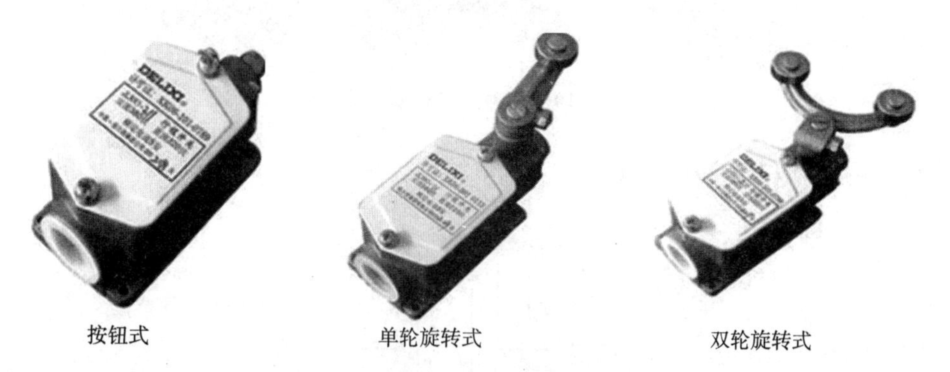

图 1–1–18　JLXK1 系列行程开关外形

LX19 系列行程开关的型号含义：

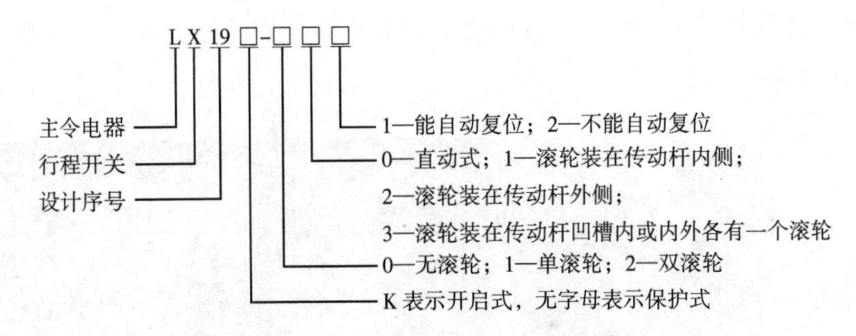

JLXK1 系列行程开关的型号含义：

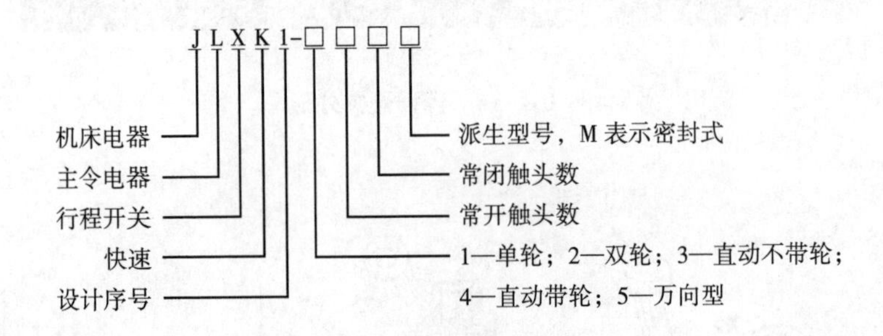

3. 万能转换开关

万能转换开关是由多组相同的触头组件叠装而成、控制多回路的主令电器。如图 1–1–19 所示。

图 1–1–19　几种万能转换开关外形

作主令控制用万能转换开关的型号：

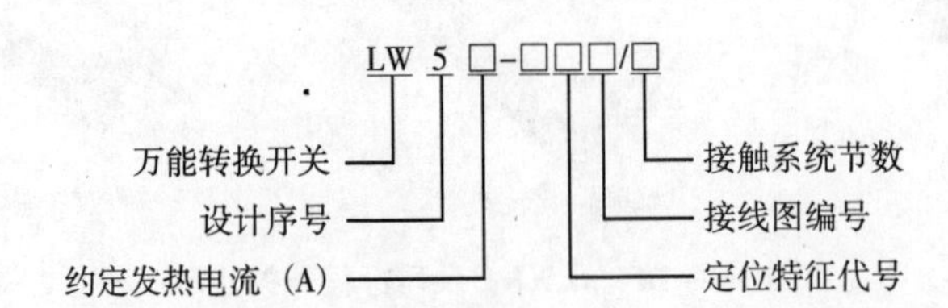

直接控制电动机用万能转换开关的型号：

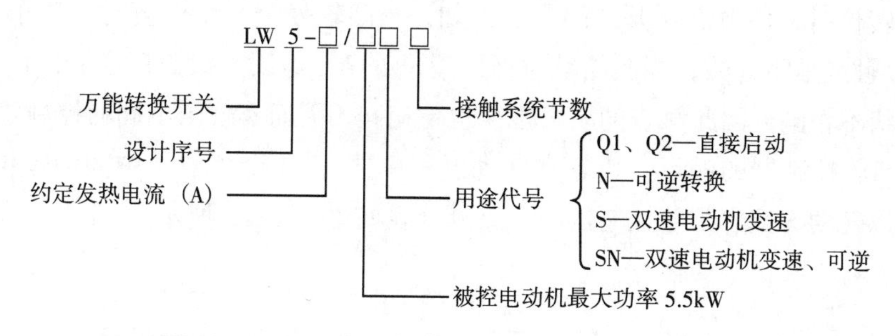

4. 凸轮控制器

凸轮控制器是一种大型的控制电器，也是多挡位、多触点，利用手动操作，转动凸轮去接通和分断通过大电流的触头转换开关。凸轮控制器的动、静触头的动作原理与接触器极其相似，因此也称为接触器式控制器。二者的不同之处，仅在于凸轮控制器是凭借人工操纵，并且能换接较多数目的电器，而接触器系具有电磁吸引力实现驱动的远距离操作方式，触头数目较少。如图 1–1–20 所示。

图 1–1–20　凸轮控制器外形

（1）凸轮控制器的结构。凸轮控制器从外部看，由机械、电气、防护等三部分结构组成。其中手柄、转轴、凸轮、杠杆、弹簧、定位棘轮为机械结构。触头、接线柱和联板等为电气结构。而上下盖板、外罩及灭弧罩等为防护结构。如图 1–1–21 所示。

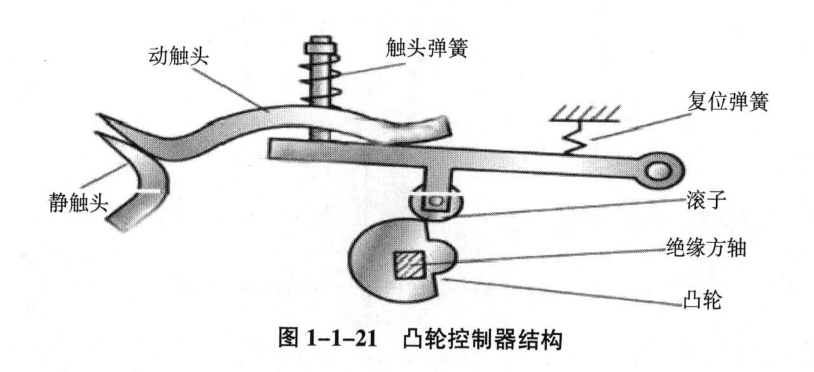

图 1–1–21　凸轮控制器结构

（2）工作原理。凸轮控制器的转轴上套着很多（一般为 12 片）凸轮片，当手轮经转轴带动转位时，使触点断开或闭合。例如，当凸轮处于一个位置时（滚子在凸轮的凹槽中），触点是闭合的；当凸轮转位而使滚子处于凸缘时，触点就断开。由于这些凸轮片的形状不相同，因此触点的闭合规律也不相同，因而实现了不同的控制要求。

（3）凸轮控制器的触点。手轮在转动过程中共有 11 个挡位，中间为零位，向左、向右都可以转动 5 挡。凸轮控制器的触点分合表如图 1–1–22 所示。

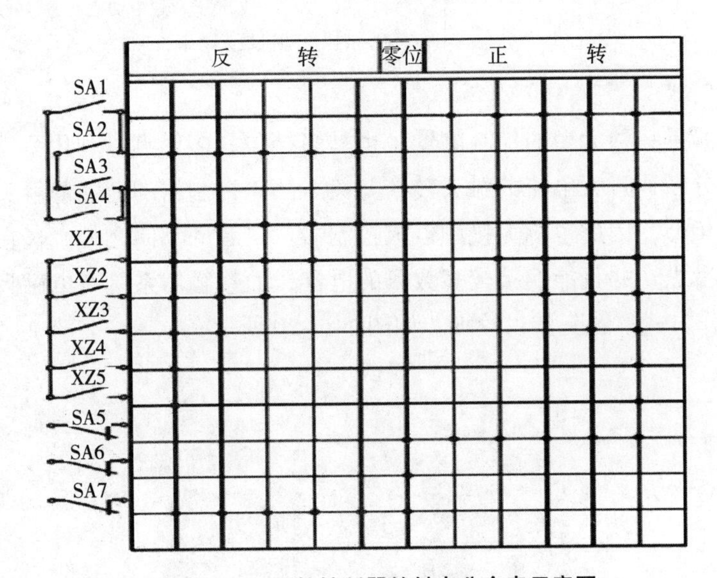

图 1–1–22　凸轮控制器的触点分合表示意图

注：带“·”的表示触头闭合，无此标记的表示断开。

（4）主要应用。凸轮控制器主要用于起重设备中控制中小型绕线转子异步电动机的启动、停止、调速、换向和制动，也适用于有相同要求的其他电机。

（5）凸轮控制器的型号及含义：

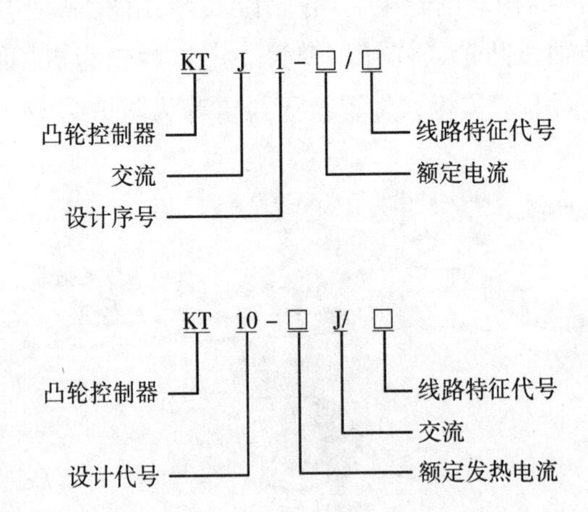

（四）接触器（**KM**）

实际上是一种自动的电磁式开关，触头的通断不是由手来控制，而是电动控制。频繁的远距离接通和分断主电路或控制大容量电路，具有欠压和失压保护功能。可分为交流接触器和直流接触器两种，交流接触器使用广泛。

（1）常见的交流接触器。如图 1–1–23 所示。

图 1–1–23　常见的交流接触器外形

交流接触器的主要组成部分：线圈、主触头和辅助触头。如图 1–1–24 所示。

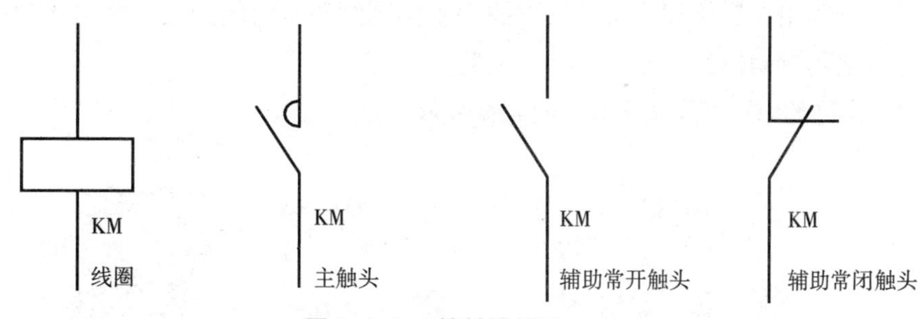

图 1–1–24　接触器符号

（2）交流接触器的工作原理。交流接触器线圈通电，使静铁心被磁化产生电磁吸力，吸引铁心带动触头动作，常闭触头（NC）先断开，常开触头（NO）和主触头后闭合；当线圈失电时，电磁吸力消失，常开触头先恢复分断，常闭触头后恢复闭合。如图 1–1–25 所示。

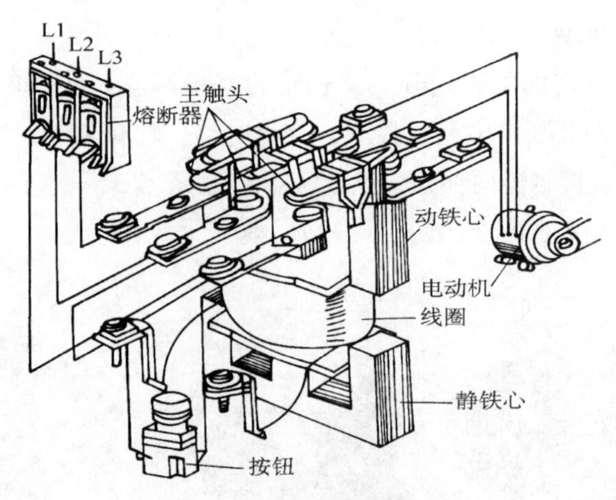

图 1-1-25　交流接触器结构

（3）接触器的安装。一般安装在垂直面上，倾斜度不得超过 5°。

（4）交流接触器的型号及含义：

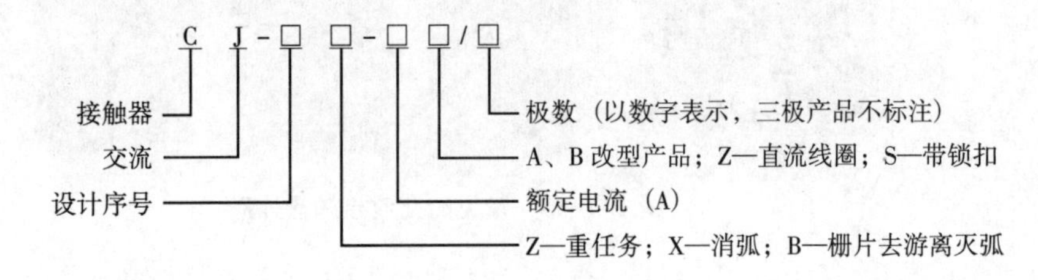

（五）时间继电器（KT）

是一种利用电磁原理或机械动作原理来实现触头延时闭合或分断的自动控制电器。可分为通电延时动作型和断电延时复位型。

（1）常见的时间继电器如图 1-1-26 所示。

JS7—A 系列空气阻尼式

JS20 系列晶体管式

JS14S 系列数显式

图 1-1-26　几种时间继电器外形

（2）时间继电器的符号如图 1-1-27 所示。

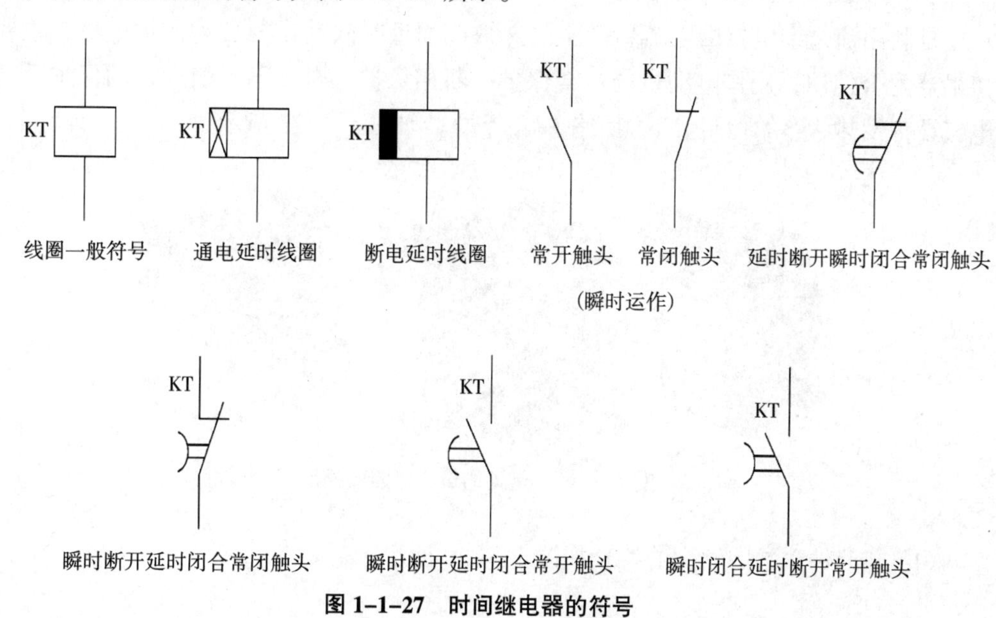

图 1-1-27　时间继电器的符号

（3）时间继电器的型号及含义。JS7-A 系列时间继电器的型号及含义：

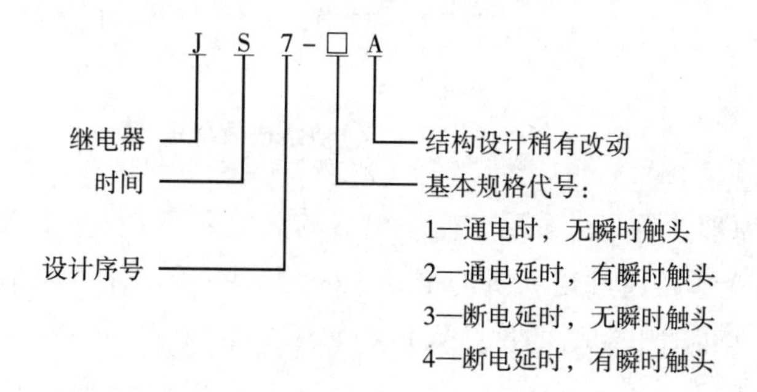

JS20 系列晶体管时间继电器的型号及含义：

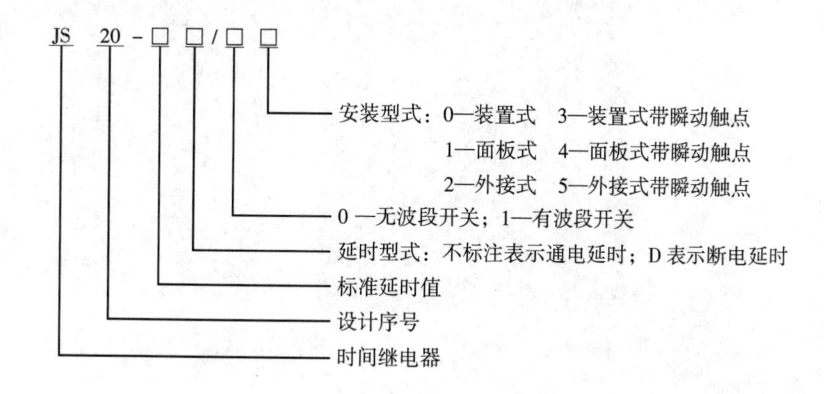

（六）热继电器（**KH** 或 **FR**）

是利用流过继电器的电流所产生的热效应而反时限动作的自动保护电器，主要与接触器配合使用，用作电动机的过载保护、断相保护、电流不平衡运行的保护及其他电气设备发热状态的控制。不能用作短路保护。如图 1–1–28 所示。

图 1–1–28　常见的热继电器的外形

（1）热元件和常闭触头的符号如图 1–1–29 所示。

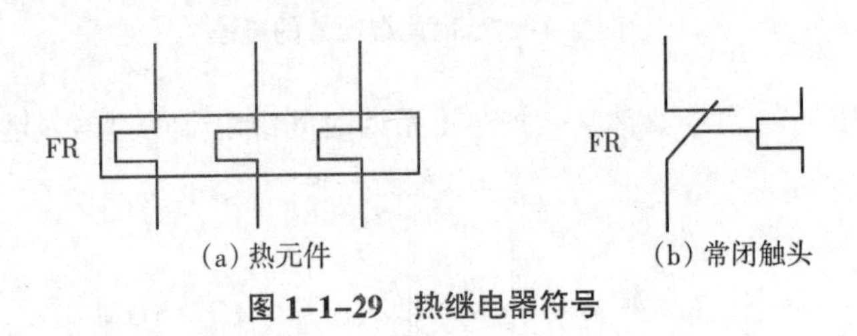

图 1–1–29　热继电器符号

（2）工作原理。电路过载后，由于电流的热效应产生热量，温度升高，使组成热元件的金属弯曲变形，通过传动机构推动常闭触头断开，分断控制电路，再通过接触器切断主电路，实现对电动机的过载保护。如图 1–1–30 所示。

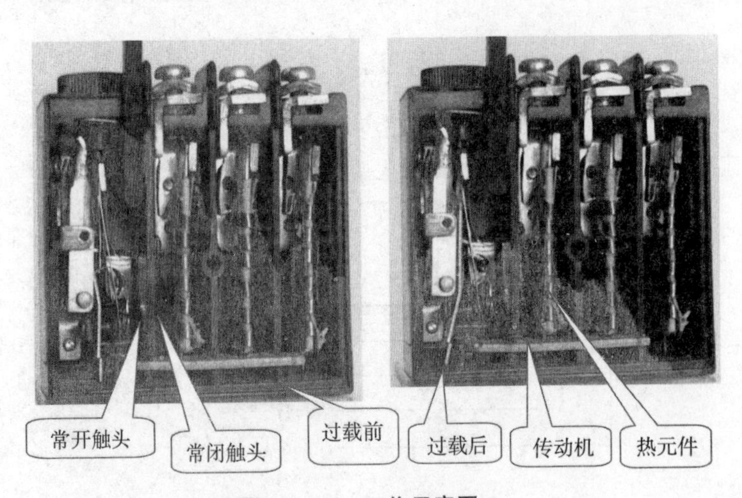

图 1–1–30　工作示意图

热继电器型号及含义：

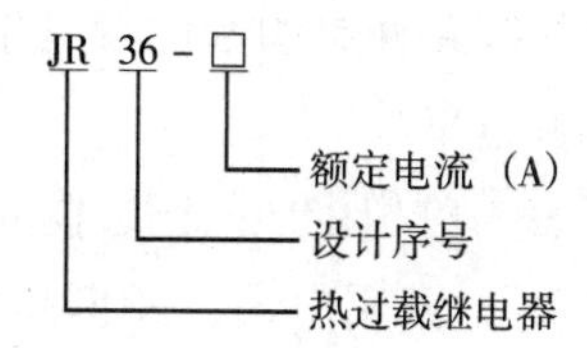

（七）速度继电器（KS）

速度继电器是反映转速和转向的继电器。

（1）组成：继电器转子、常开触头和常闭触头。如图 1–1–31 所示。

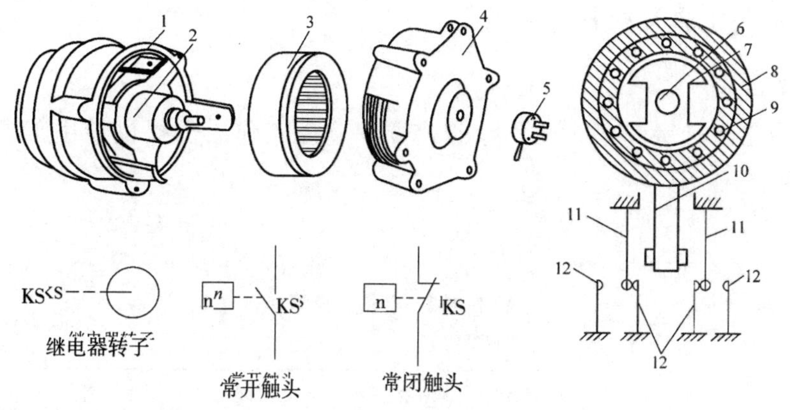

1—可动支架　2—转子　3—定子　4—端盖　5—连接头　6—电动机轴　7—转子（永久磁铁）
8—定子　9—定子绕组　10—胶木摆杆　11—簧片（动触头）　12—静触头

图 1–1–31　速度继电器外形及组成

（2）工作原理。以旋转速度的快慢为指令信号，与接触器配合实现对电动机的反接制动控制，因此也称为反接制动继电器。

（3）速度继电器型号及含义：

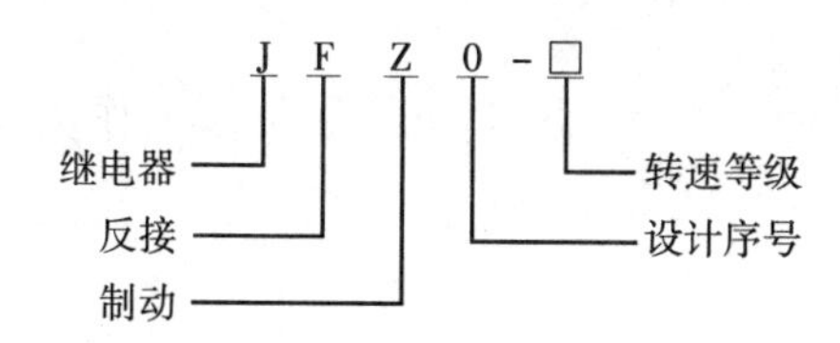

（八）漏电保护器（见图 1–1–32）

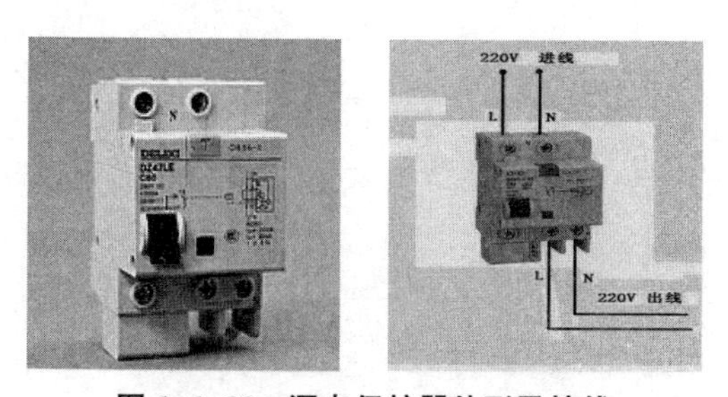

图 1–1–32　漏电保护器外形及接线

漏电保护器又称漏电保护开关，是一种新型的电气安全装置，其主要用途是：

（1）防止由于电气设备和电气线路漏电引起的触电事故。

（2）防止用电过程中的单相触电事故。

（3）及时切断电气设备运行中的单相接地故障，防止因漏电引起的电气火灾事故。

（4）随着人们生活水平的提高，家用电器的不断增加，在用电过程中，由于电气设备本身的缺陷、使用不当和安全技术措施不利而造成的人身触电和火灾事故，给人民的生命和财产带来了不应有的损失，而漏电保护器的出现，对预防各类事故的发生，及时切断电源，保护设备和人身安全，提供了可靠而有效的技术手段。

二、准备工具及材料

1. 准备工具

为完成工作任务，每个工作小组需要向仓库工作人员提供借用工具清单（见表 1–1–2）。

表 1–1–2　借用工具清单

生产单号__________　　领料部门__________　　年　　月　　日

序号	名称	数量	借出时间	学生签名	归还时间	学生签名	管理员签名	备注

2. 材料的准备

为完成工作任务，每个工作小组需要向仓库工作人员提供借用材料清单（见表1–1–3）。

表 1–1–3　借用材料清单

生产单号__________　　领料部门__________　　年　　月　　日

序号	名称	数量	借出时间	学生签名	归还时间	学生签名	管理员签名	备注

三、团队分配的方案

根据学生人数合理分成若干小组，每组指定 1 人为小组长、1 人为安全员，1 人为领料员，其余为员工。组长负责组织本组相关问题的计划、实施及讨论汇总，填写各组员工作任务实施所需要文字材料的相关记录表等，领料员负责材料领取及分发，安全员负责整个学习、工作过程中人员及设备操作中的安全检查和监督。

工作任务指引

牢记以上常用电器元件的图形和文字符号，简单理解几个重点元件的工作原理和应用范围，掌握线路的安装工艺要求。

工作任务记录

（1）填写工作过程记录（见表 1-1-4）。

表 1-1-4　工作过程记录

类别	名称	图形符号	文字符号	类别	名称	图形符号	文字符号
开关	三极负荷开关			按钮	常开按钮		
	组合开关				常闭按钮		
	低压断路器				复合按钮		
	常开触头				急停按钮		
行程开关	常闭触头			继电器	速度继电器		
	复合触头			接触器	线圈		
热继电器	热元件				主触头		
	常闭触头				辅助常开触头		
熔断器	熔断器				辅助常闭触头		
时间继电器	通电延时线圈			时间继电器	延时闭合常开触头		
	断电延时线圈				延时断开常闭触头		
	瞬时闭合常开触头				延时闭合常闭触头		
	瞬时断开常闭触头				延时断开常开触头		

（2）写出熔断器、交流接触器、空气开关、热继电器的保护作用。

（3）交流接触器线圈通电后触头是怎么动作的？

（4）热继电器能否做短路保护用？为什么？

工作任务笔记（见表1–1–5）

表1–1–5　工作笔记

记录学习过程中的难点、疑问、感悟或想法	
记录学习过程中解决问题的方法、灵感和体会	

工作任务评价（见表 1-1-6）

表 1-1-6　常用低压电器认识评价

<table>
<tr><td colspan="3">班级：________
小组：________
姓名：________</td><td colspan="6">指导教师：________
日　　期：________</td></tr>
<tr><td rowspan="2">评价项目</td><td rowspan="2">评价标准</td><td rowspan="2">评价依据</td><td colspan="3">评价方式</td><td rowspan="2">权重（%）</td><td rowspan="2">得分小计</td></tr>
<tr><td>学生自评（20%）</td><td>小组互评（30%）</td><td>教师评价（50%）</td></tr>
<tr><td>职业素养</td><td>1. 作风严谨、自觉遵章守纪
2. 按时按质完成工作任务
3. 积极主动承担工作任务，勤学好问
4. 人身安全与设备安全
5. 工作岗位 7s 完成情况</td><td>1. 出勤
2. 工作态度
3. 劳动纪律
4. 团队协作精神</td><td></td><td></td><td></td><td>20</td><td></td></tr>
<tr><td>专业能力</td><td>1. 元件工作原理的分析情况
2. 元件图形符号的认识情况
3. 元件实物和电气符号的对应情况
4. 表 1-1-3 的填写情况
5. 自检、互检情况</td><td>1. 操作的准确性和规范性
2. 回答问题的准确性
3. 项目完成情况</td><td></td><td></td><td></td><td>70</td><td></td></tr>
<tr><td>创新能力</td><td>1. 在任务完成过程中能提出自己的见解或方案
2. 在教学或生产管理上提出的建议具有创新性</td><td>1. 方案的可行性
2. 建议的可行性</td><td></td><td></td><td></td><td>10</td><td></td></tr>
<tr><td>合计</td><td></td><td></td><td></td><td></td><td></td><td></td><td></td></tr>
</table>

工作任务拓展

写出下图中出现的电气元件名称及其保护作用，并描述电路工作原理。

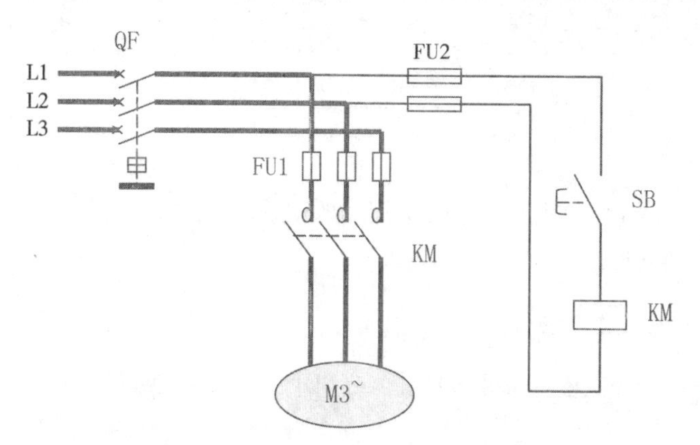

课后思考与实践

(1) 接触器可分为________接触器和________接触器。

(2) 熔断器的文字符号是________，图形符号是________；热继电器的文字符号是________；交流接触器的文字符号是________；低压断路器的文字符号是________；时间继电器的文字符号是________；按钮的文字符号是________；速度继电器的文字符号是________。

(3) 描述热继电器、交流接触器、低压断路器和熔断器的保护作用。

任务二　接触器控制连续运行控制线路安装与调试

学习目标

(1) 熟悉按钮和接触器的功能、基本结构、工作原理及型号意义，熟记它们的图形符号和文字符号，学会正确识别、选用、安装、使用按钮和接触器；

(2) 掌握电力拖动线路的布线工艺，掌握按钮、接触器、熔断器的安装接线方法；

(3) 熟悉电动机控制线路的一般安装步骤；

(4) 根据电路原理图画出电气接线图和元件布置图并进行安装；

(5) 认真填写相关问题；

(6) 对学习过程和实训成果进行总结。

建议课时：12 学时。

工作任务情境

机械加工厂有一台车床设备，按下启动按钮后，主轴就能通电连续运转。要求维修电工进行安装和调试。

工作任务准备

一、理论知识

1. 三相异步电动机的结构和工作原理

（1）结构。三相异步电动机的两个基本组成部分为定子（固定部分）和转子（旋转部分）。此外还有端盖、风扇等附属部分，如图 1–2–1 所示。

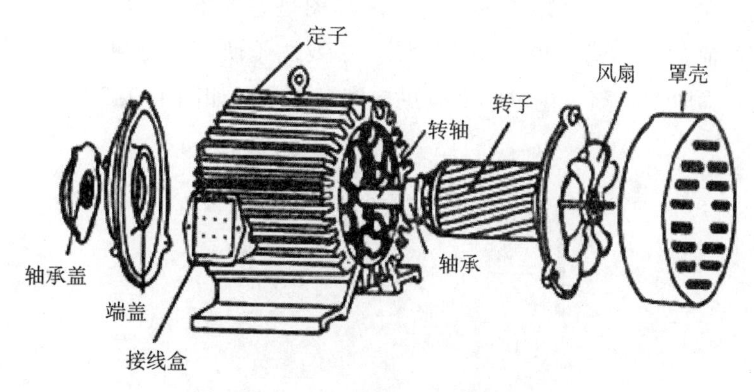

图 1–2–1　三相笼型异步电机结构

定子由定子铁心、定子绕组和机座构成；转子由转子铁心、转子绕组和转轴构成。转子绕组有鼠笼式和绕线式两种，其中鼠笼式应用最广泛。

（2）工作原理。当电动机的三相定子绕组（各相差 120 度电角度），通入三相对称交流电后，将产生一个旋转磁场，该旋转磁场切割转子绕组，从而在转子绕组中产生感应电流（转子绕组是闭合通路），载流的转子导体在定子旋转磁场作用下将产生电磁力，从而在电机转轴上形成电磁转矩，驱动电动机旋转，并且电机旋转方向与旋转磁场方向相同。如图 1–2–2 所示。

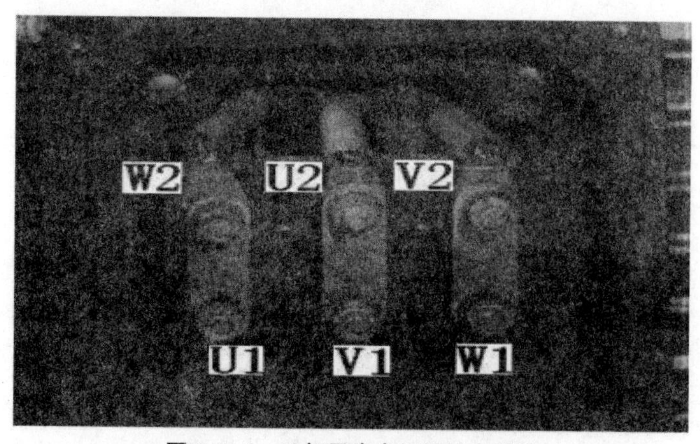

图 1–2–2　三相异步电机接线盒结构

2. 自锁

当启动按钮松开后，接触器通过自身的辅助常开（NO）触头使其线圈保持通电的作用叫做自锁。与启动按钮并联起自锁作用的辅助常开触头叫做自锁触头。

3. 电气原理图、电器元件布置图、电气安装接线图

电气图用来表达设备的电气控制系统的组成、分析控制系统工作原理及安装、调试、检修控制系统。

（1）电气原理图。电气原理图是用来表明电气设备的工作原理及各电器元件的作用、相互之间关系的一种表示方式。电气原理图是电气系统图的一种。是根据控制线图工作原理绘制的，结构简单，层次分明。主要用于研究和分析电路工作原理。电气原理图一般分为电源电路、主电路和辅助电路三部分。如图 1–2–3 所示。

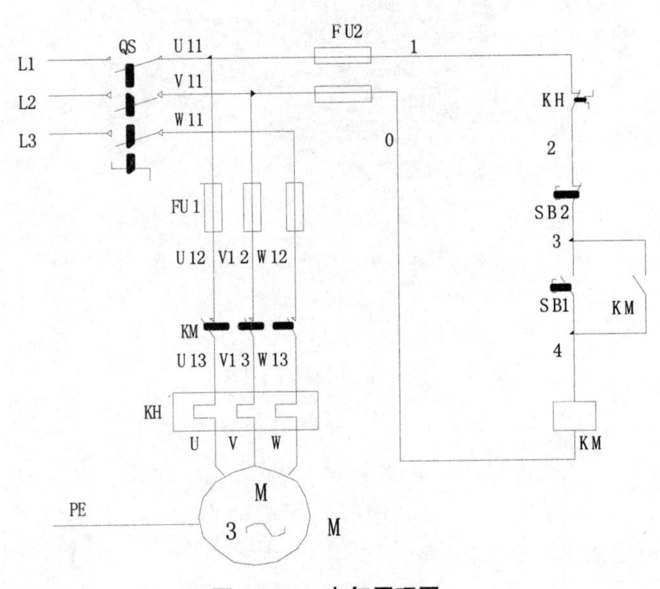

图 1–2–3　电气原理图

工作原理：

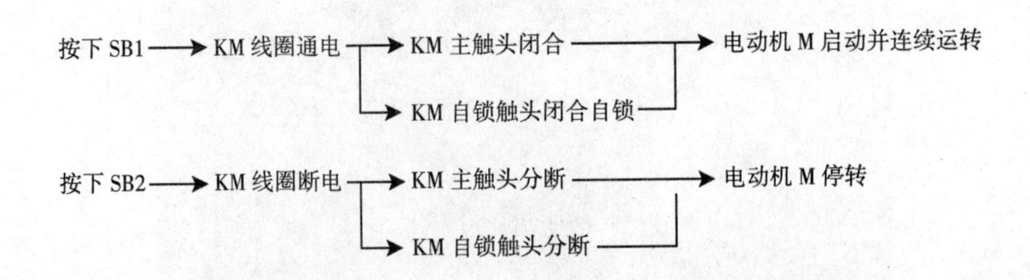

（2）电器元件布置图。表明电气原理图中所有电器元件、电器设备的实际位置，为电气控制设备的制造、安装提供必要的资料。如图 1–2–4 所示。

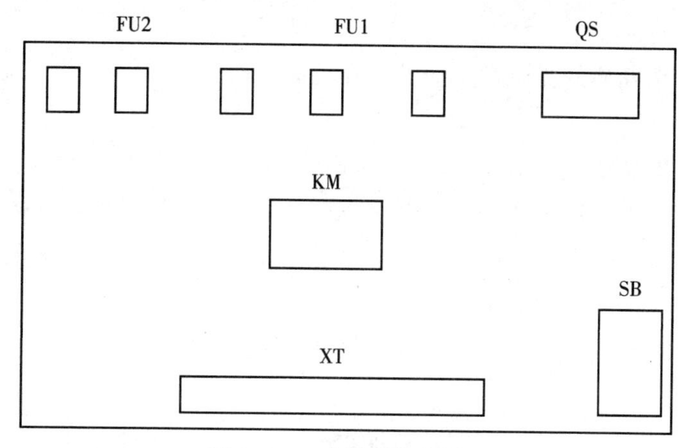

图 1-2-4　电器元件布置图

（3）电气安装接线图。接线图是根据电气设备和电器元件的实际位置和安装情况绘制的，它用来表示电气设备和电器元件的位置、配线方式和接线方式，而不表示电气动作原理和电器元件之间的控制关系。它是电气施工的主要图样，主要用于安装接线、线路的检查和故障处理。如图 1-2-5 所示。

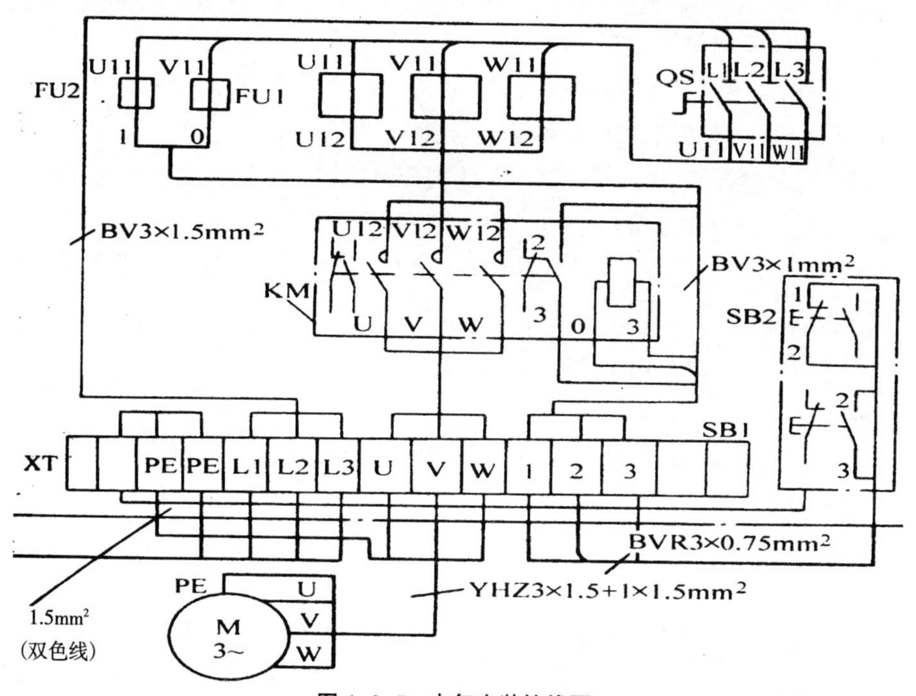

图 1-2-5　电气安装接线图

4. 安装步骤及工艺要求

（1）安装元件。按照元件布置图在控制板上安装电器元件，并贴上醒目的文字符号。

工艺要求：

1）断路器、熔断器的受电端子应安装在控制板的外侧，并确保熔断器的受电端为底座的中心端。

2）各元件的安装位置应整齐、均匀、间距合理，便于元件的更换。

3）紧固各元件时，用力要均匀，紧固程度适当。在紧固熔断器、接触器等易碎元件时，应用手按住元件一边轻轻摇动，一边用旋具轮换旋紧对角线上的螺钉，直到手摇不动后，再适当加固旋紧些即可。

（2）布线。按接线图的走线方法，进行板前明线布线和套编码套管。

工艺要求：

1）布线通道要尽可能少，同路并行导线按主、控电路分类集中，单层密排，紧贴安装面布线。

2）同一平面的导线应高低一致或前后一致，不能交叉。非交叉不可时，该根导线应在接线端子引出时就水平架空跨越，且必须走线合理。

3）布线应横平竖直，分布均匀。变换走向时应垂直转向。

4）布线时严禁损伤线芯和导线绝缘。

5）布线顺序一般以接触器为中心，由里向外，由低至高，先控制电路，后主电路的顺序进行，以不妨碍后续布线为原则。

6）在每根剥去绝缘层导线的两端套上编码套管。所有从一个接线端子（或接线桩）到另一个接线端子（或接线桩）的导线必须连续，中间无接头。

7）导线与接线端子或接线桩连接时，不得压绝缘层、不反圈及不露铜过长。

8）同一元件、同一回路的不同接点的导线间距离应保持一致。

9）一个电器元件接线端子上的连接导线不得多于两根，每节接线端子板上的连接导线一般只允许连接一根。

（3）检查布线。检查控制板布线的正确性。

（4）安装电动机。

（5）连接。先连接电动机和按钮金属外壳的保护接地线，然后连接电源、电动机等控制板外部的导线。

（6）自检。

工艺要求：

1）按电路图或接线图从电源端开始，逐段核对接线及接线端子处线号是否正确，有无漏接、错接之处。检查导线接点是否符合要求，压接是否牢固。同时注意接点接触应良好，以避免带负载运转时产生闪弧现象。

2）用万用表检查线路的通断情况。检查时，应选用倍率适当的电阻挡，并进行调零，以防发生短路故障。对控制电路的检查（断开主电路），可将表棒分别搭在U11、V11接线端上，读数应为“∞”。按下SB时，读数应为接触器线圈的直流电阻值。然后断开控制电路，再检查主电路有无开路或短路现象，此时，可用手动来代替接触器通电进行检查。

3）用兆欧表检查线路的绝缘电阻，阻值应不小于 1MΩ。

（7）交验。

（8）通电试车。

工艺要求：

1）为保证人身安全，在通电试车时，要认真执行安全操作的有关规定，一人监护，一人操作。试车前，应检查与通电试车有关的电气设备是否有不安全的因素存在，若查出应立即整改，然后才能试车。

2）通电试车前，必须征得教师的同意，并由指导教师接头三相电源 L1、L2、L3，同时在现场监护。学生合上电源开关 QF 后，用测电笔检查熔断器出线端，氖管亮说明电源接通。按下 SB，观察接触器情况是否正常，是否符合线路功能要求，电器元件的动作是否灵活，有无卡阻及噪声过大等现象，电动机运行是否正常等。但不得对线路接线是否正确进行带电检查。观察过程中，若发现异常现象，应立即停车。当电动机运转平稳后，用钳形电流表测量三相电流是否平衡。

3）试车成功率以通电后第一次按下按钮时计算。

4）出现故障后，学生应独立进行检修，若需带电检查时，教师必须在现场监护。检修完毕后，如需要再次试车，教师也应该在现场监护，并做好时间记录。

5）通电试车完毕，停转，切断电源。先拆除三相电源线，再拆除电动机线。

二、准备工具及材料

1. 准备工具

为完成工作任务，每个工作小组需要向仓库工作人员提供借用工具清单（见表 1-2-1）。

表 1-2-1　借用工具清单

生产单号＿＿＿＿＿＿＿＿　　领料部门＿＿＿＿＿＿＿＿　　年　　月　　日

序号	名称	数量	借出时间	学生签名	归还时间	学生签名	管理员签名	备注

2. 材料的准备

为完成工作任务，每个工作小组需要向仓库工作人员提供借用材料清单（见表 1–2–2）。

表 1–2–2 借用材料清单

生产单号________ 领料部门________ 年 月 日

序号	名称	数量	借出时间	学生签名	归还时间	学生签名	管理员签名	备注

三、团队分配的方案

根据学生人数合理分成若干小组，每组指定 1 人为小组长、1 人为安全员、1 人为领料员，其余为员工。组长负责组织本组相关问题的计划、实施及讨论汇总，填写各组员工作任务实施所需要文字材料的相关记录表等，领料员负责材料领取及分发，安全员负责整个学习、工作过程中人员及设备操作中的安全检查和监督。

工作任务指引

表 1–2–3 任务指引

步 骤	任 务	要 求
1	读图：读懂电路图，了解控制工作原理	自己写出控制工作原理
2	识图：把电路图中的文字符号与实际的电器元件一一对应起来	在各自的工位上了解实际的电器元件及其位置摆放
3	画图：根据实际元件摆放位置画出元件布置图和电气安装接线图	自己动手画出接线图，也可画出接线简图
4	接线：根据接线图用导线把实际元件联接起来	接线原则：横平竖直，避免交叉，主控分开
5	自检、互检和试车	试车正确

工作任务记录

1. 分析线路工作原理

(1) 电路中主要采用了哪些保护？分别由什么元件实现？

（2）在图中分别圈出主电路和控制电路。

（3）电路中可以连续运转控制由什么元件实现？若没有这一元件，电动机将怎样运行？

（4）分析线路工作原理。

2. 绘制电器元件布置图

3. 绘制接线图

4. 电路安装训练

（1）电路安装训练的注意事项：

1）不要漏接接地线，严禁采用金属软管作为接地通道。

2）在导线通道内敷设的导线进行接线时，必须集中思想，做到查出一根导线，立即套上编码套管，接上后再进行复验。

3）在安装、调试过程中，工具、仪表的使用应符合要求。

4）通电操作时，必须严格遵守安全操作规程。

（2）电路安装训练。

5. 自检、互检及通电试车（见表 1–2–4）

表 1–2–4　检查记录

元件安装上是否存在问题		布线方面是否存在问题		通电试车中发现的问题	
元件布置是否合理		是否按接线图接线		熔体是否选用正确	
是否按布置图安装		布线是否合理		热继电器参数设置是否合理	
元件安装是否牢固		是否损伤线芯或绝缘		第一次试车是否成功	
元件安装是否整齐、均匀		接线是否符合要求（有无松动、露铜过长、反圈、线号管不正确等现象）		第二次试车是否成功	
是否损坏元件		是否漏接接地线		第三次试车是否成功	

工作任务笔记（见表 1–2–5）

表 1–2–5　工作笔记

记录学习过程中的难点、疑问、感悟或想法	
记录学习过程中解决问题的方法、灵感和体会	

工作任务评价（见表 1-2-6）

表 1-2-6 安装与调试接触器控制连续运行控制线路的评价

<table>
<tr><td colspan="3">班级：________
小组：________
姓名：________</td><td colspan="6">指导教师：________
日　　期：________</td></tr>
<tr><td rowspan="2">评价项目</td><td rowspan="2">评价标准</td><td rowspan="2">评价依据</td><td colspan="3">评价方式</td><td rowspan="2">权重（%）</td><td rowspan="2">得分小计</td></tr>
<tr><td>学生自评（20%）</td><td>小组互评（30%）</td><td>教师评价（50%）</td></tr>
<tr><td>职业素养</td><td>1. 作风严谨、自觉遵章守纪
2. 按时按质完成工作任务
3. 积极主动承担工作任务，勤学好问
4. 人身安全与设备安全
5. 工作岗位 7s 完成情况</td><td>1. 出勤
2. 工作态度
3. 劳动纪律
4. 团队协作精神</td><td></td><td></td><td></td><td>20</td><td></td></tr>
<tr><td>专业能力</td><td>1. 电气原理的分析情况
2. 布置图及接线图绘制情况
3. 元件安装情况
4. 安装布线情况
5. 自检、互检及试车情况</td><td>1. 操作的准确性和规范性
2. 回答问题的准确性
3. 项目完成情况</td><td></td><td></td><td></td><td>70</td><td></td></tr>
<tr><td>创新能力</td><td>1. 在任务完成过程中能提出自己的见解或方案
2. 在教学或生产管理上提出的建议具有创新性</td><td>1. 方案的可行性
2. 建议的可行性</td><td></td><td></td><td></td><td>10</td><td></td></tr>
<tr><td>合计</td><td></td><td></td><td></td><td></td><td></td><td></td><td></td></tr>
</table>

工作任务拓展

机床设备在正常工作时，一般需要电动机处在连续运转状态。但是在试车或调整刀具与工件的相对位置时，又需要电动机能点动控制，并有短路、过载、失压和欠压保护作用。实现这种工艺要求的线路是连续与点动混合控制线路，试着按照以上控制要求设计一个电路原理图，并写出其工作原理。

课后思考与实践

（1）交流接触器起自锁作用的常开触头被称为__________触头，起联锁作用的常闭触头被称为__________触头。

（2）自锁触头和联锁触头应该如何连接在电路中？

（3）交流接触器的工作原理是什么？

（4）什么叫点动控制和自锁控制？

任务三　工作台自动往返控制线路安装与调试

学习目标

(1) 熟悉行程开关的功能、基本结构、工作原理及型号意义，熟记它们的图形符号和文字符号，学会正确识别、使用行程开关SQ的动断触头、动合触头；

(2) 熟悉电动机控制线路的一般安装步骤、工艺要求和注意事项；

(3) 了解电动机正反转控制电路的行程控制中常见故障识别及排除；

(4) 各小组发挥团队合作精神，学会三相电动机的行程控制线路的安装步骤、实施和成果评估；

(5) 认真填写相关问题；

(6) 对学习过程和实训成果进行总结。

建议课时：12学时。

工作任务情境

某工厂车间需要用一个行车，把大物件从车间这边移动到另一边，行车启动后能自动往返运动。

工作任务准备

一、相关理论知识

1. 行程控制原理

利用生产机械运动部件上的挡铁与行程开关碰撞，通过其触头动作来接通或断开电路，以实现对生产机械运动部件的位置或行程的自动控制方法称为位置控制，又称行程控制或限位控制。实现这种控制的主要电器是行程开关。

2. 三相异步交流电动机的工作原理

当电动机的三相定子绕组（各相差120度电角度），通入三相对称交流电后，将产生一个旋转磁场，该旋转磁场切割转子绕组，从而在转子绕组中产生感应电流（转子绕组是闭合通路），载流的转子导体在定子旋转磁场作用下将产生电磁力，从而在电机转轴上形成电磁转矩，驱动电动机旋转，并且电机旋转方向与旋转磁场方向相同。

3. 电机的正反转

正转控制线路只能使电动机朝一个方向旋转，当改变通入电动机定子绕组的三相电源相序，即把接入电动机三相电源进线中的任意两相对调接线时，电动机就可以反转。

4. 联锁的概念

当一个接触器通电动作时，通过其辅助常闭触头使另一个接触器不能通电动作，接触器之间这种互相制约的作用叫做接触器联锁，实现联锁作用的辅助常闭触头称为联锁触头，联锁用符号“▽”表示。

5. 工作台自动往返控制线路原理图

工作台自动往返控制线路原理如图 1-3-1 所示。

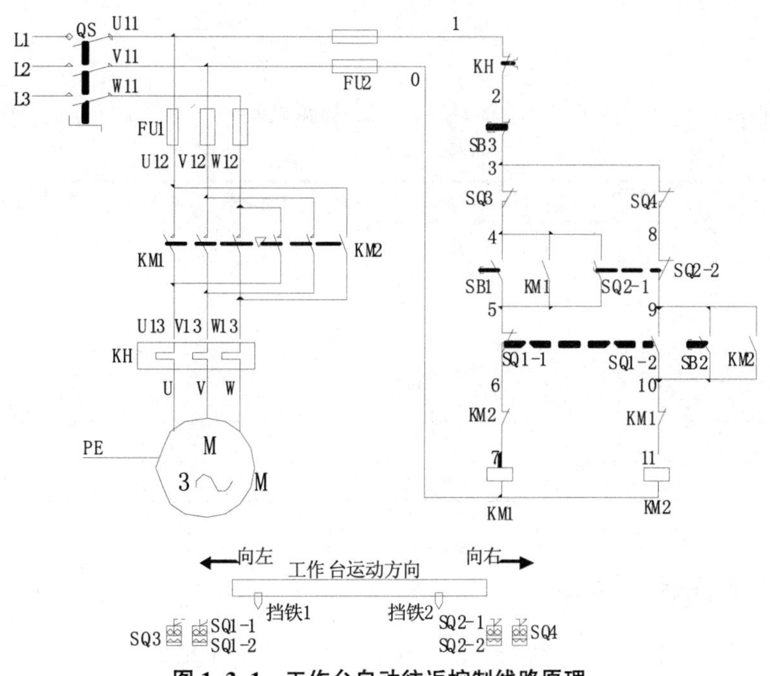

图 1-3-1　工作台自动往返控制线路原理

二、准备工具及材料

1. 准备工具

为完成工作任务，每个工作小组需要向仓库工作人员提供借用工具清单（见表 1-3-1）。

表 1-3-1 借用工具清单

生产单号＿＿＿＿＿＿＿＿ 领料部门＿＿＿＿＿＿＿＿＿ 年 月 日

序号	名称	数量	借出时间	学生签名	归还时间	学生签名	管理员签名	备注

2. 材料的准备

为完成工作任务，每个工作小组需要向仓库工作人员提供借用材料清单（见表 1-3-2）。

表 1-3-2 借用材料清单

生产单号＿＿＿＿＿＿＿＿ 领料部门＿＿＿＿＿＿＿＿＿ 年 月 日

序号	名称	数量	借出时间	学生签名	归还时间	学生签名	管理员签名	备注

三、团队分配的方案

根据学生人数合理分成若干小组，每组指定 1 人为小组长、1 人为安全员、1 人为领料员，其余为员工。组长负责组织本组相关问题的计划、实施及讨论汇总，填写各组员工作任务实施所需要文字材料的相关记录表等，领料员负责材料领取及分发，安全员负责整个学习、工作过程中人员及设备操作中的安全检查和监督。

工作任务指引

表 1-3-3　任务指引

步　骤	任　务	要　求
1	读图：读懂电路图，了解控制工作原理	写出控制工作原理
2	识图：把电路图中的文字符号与实际的电器元件一一对应起来	在各自的工位上了解实际的电器元件及其位置摆放
3	画图：根据实际元件摆放位置画出元件布置图和电气安装接线图	动手画接线图，也可画出接线简图
4	接线：根据接线图用导线把实际元件联接起来	接线原则：横平竖直，避免交叉，主控分开
5	自检、互检和试车	试车正确

工作任务记录

1. 分析线路工作原理

（1）电路中可以自动往返控制由什么元件实现？

（2）分析线路工作原理。

2. 绘制电器元件布置图

3. 绘制接线图

（1）主电路接线图。

（2）控制电路接线图。

4. 电路安装训练

（1）电路安装训练的注意事项：

1）不要漏接接地线，严禁采用金属软管作为接地通道。

2）在导线通道内敷设的导线进行接线时，必须集中思想，做到查出一根导线，立即套上编码套管，接上后再进行复验。

3）在安装、调试过程中，工具、仪表的使用应符合要求。

4）通电操作时，必须严格遵守安全操作规程。

（2）电路安装训练。

5. 自检、互检及通电试车（见表 1-3-4）

表 1-3-4　检查记录

元件安装上是否存在问题		布线方面是否存在问题		通电试车中发现的问题	
元件布置是否合理		是否按接线图接线		熔体是否选用正确	
是否按布置图安装		布线是否合理		热继电器参数设置是否合理	
元件安装是否牢固		是否损伤线芯或绝缘		第一次试车是否成功	
元件安装是否整齐、均匀		接线是否符合要求（有无松动、露铜过长、反圈、线号管不正确等现象）		第二次试车是否成功	
是否损坏元件		是否漏接接地线		第三次试车是否成功	

工作任务笔记（见表 1-3-5）

表 1-3-5　工作笔记

记录学习过程中的难点、疑问、感悟或想法	

续表

记录学习过程中解决问题的方法、灵感和体会	

工作任务评价（见表 1-3-6）

表 1-3-6　安装与调试工作台自动往返控制线路的评价

<table>
<tr><td colspan="3">班级：________
小组：________
姓名：________</td><td colspan="6">指导教师：________
日　　期：________</td></tr>
<tr><td rowspan="2">评价项目</td><td rowspan="2">评价标准</td><td rowspan="2">评价依据</td><td colspan="3">评价方式</td><td rowspan="2">权重（%）</td><td rowspan="2">得分小计</td></tr>
<tr><td>学生自评（20%）</td><td>小组互评（30%）</td><td>教师评价（50%）</td></tr>
<tr><td>职业素养</td><td>1. 作风严谨、自觉遵章守纪
2. 按时按质完成工作任务
3. 积极主动承担工作任务，勤学好问
4. 人身安全与设备安全
5. 工作岗位 7s 完成情况</td><td>1. 出勤
2. 工作态度
3. 劳动纪律
4. 团队协作精神</td><td></td><td></td><td></td><td>20</td><td></td></tr>
<tr><td>专业能力</td><td>1. 电气原理的分析情况
2. 布置图及接线图绘制情况
3. 元件安装情况
4. 安装布线情况
5. 自检、互检及试车情况</td><td>1. 操作的准确性和规范性
2. 回答问题的准确性
3. 项目完成情况</td><td></td><td></td><td></td><td>70</td><td></td></tr>
<tr><td>创新能力</td><td>1. 在任务完成过程中能提出自己的见解或方案
2. 在教学或生产管理上提出的建议具有创新性</td><td>1. 方案的可行性
2. 建议的可行性</td><td></td><td></td><td></td><td>10</td><td></td></tr>
<tr><td>合计</td><td></td><td></td><td></td><td></td><td></td><td></td><td></td></tr>
</table>

工作任务拓展

试着画出工作台自动往返行程控制线路，并说明四个行程开关的作用、控制要求。

（1）按下停止按钮，电机停转。

（2）具有过载、短路、失压欠压保护。

课后思考与实践

（1）画图说明位置控制的原理。

（2）如何实现正反转电气控制线路的双重联锁？

任务四　两台电动机顺序启动、逆序停止控制线路安装与调试

学习目标

（1）能理解顺序控制线路在工程、工厂中的应用范围；

（2）能掌握顺序控制线路的设计技巧和方法；

（3）掌握相应电气元件的布置和布线方法；

（4）认真填写相关资讯问题；

（5）对学习过程和实训成果进行总结。

建议课时：10 学时。

工作任务情境

工厂车间有两条传送带运输机，物料由传送带 2 号送到 1 号，再由 1 号送到转炉里。控制要求：1 号启动后，2 号才能启动，1 号必须在 2 号停止后才能停止。要求维修电工安装一个这样的控制线路。

工作任务准备

一、相关理论知识

1. 顺序控制

几台电动机的启动或停止必须按一定的先后顺序来完成的控制方式叫做电动机的顺序控制。

2. 主电路或控制电路中实现顺序控制

(1) 思考主电路实现顺序启动控制的方法，试画图说明。

(2) 思考控制电路实现顺序启动、逆序停止控制的方法，试画图说明。

3. 电路图

两台电动机顺序启动、逆序停止控制电路如图 1-4-1 所示。

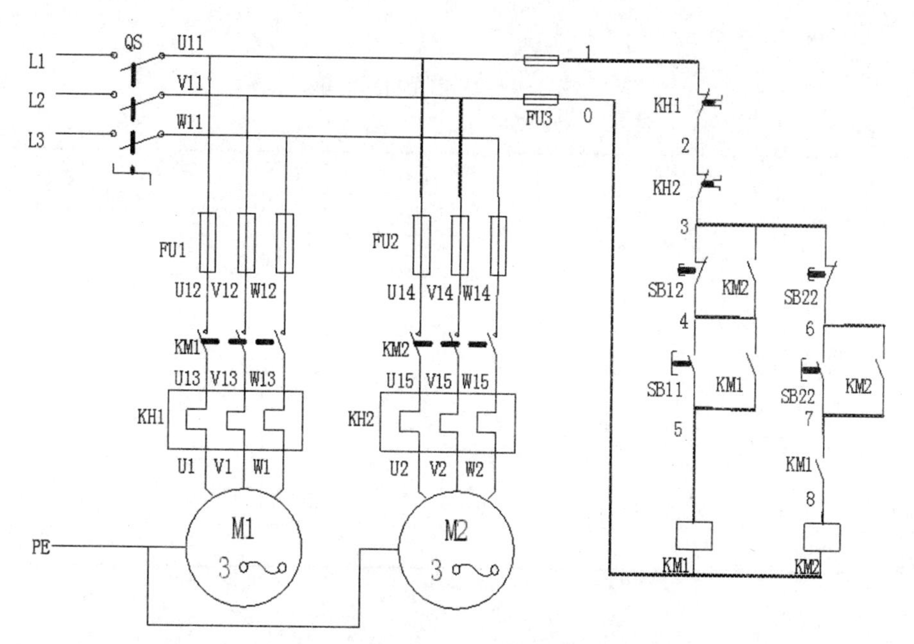

图 1-4-1 两台电动机顺序启动、逆序停止控制电路图

二、准备工具及材料

1. 准备工具

为完成工作任务，每个工作小组需要向仓库工作人员提供借用工具清单（见表1–4–1）。

表 1–4–1　借用工具清单

生产单号＿＿＿＿＿＿＿＿　领料部门＿＿＿＿＿＿＿＿　年　月　日

序号	名称	数量	借出时间	学生签名	归还时间	学生签名	管理员签名	备注

2. 材料的准备

为完成工作任务，每个工作小组需要向仓库工作人员提供借用材料清单（见表1–4–2）。

表 1–4–2　借用材料清单

生产单号＿＿＿＿＿＿＿＿　领料部门＿＿＿＿＿＿＿＿　年　月　日

序号	名称	数量	借出时间	学生签名	归还时间	学生签名	管理员签名	备注

三、团队分配的方案

根据学生人数合理分成若干小组，每组指定 1 人为小组长、1 人为安全员、1 人为领料员，其余为员工。组长负责组织本组相关问题的计划、实施及讨论汇总，填写各组员工作任务实施所需要文字材料的相关记录表等，领料员负责材料领取及分发，安全员负责整个学习、工作过程中人员及设备操作中的安全检查和监督。

工作任务指引（见表 1-4-3）

表 1-4-3　任务指引

步　骤	任　务	要　求
1	读图：读懂电路图，了解控制工作原理	写出控制工作原理
2	识图：把电路图中的文字符号与实际的电器元件一一对应起来	在各自的工位上了解实际的电器元件及其位置摆放
3	画图：根据实际元件摆放位置画出元件布置图和电气安装接线图	动手画出接线图，也可画出接线简图
4	接线：根据接线图用导线把实际元件联接起来	接线原则：横平竖直，避免交叉，主控分开
5	自检、互检和试车	试车正确

工作任务记录

1. 分析线路工作原理

（1）电路中实现顺序启动、逆序停止控制的元件各是哪些？

（2）分析线路工作原理。

2. 绘制电器元件布置图

3. 绘制接线图

4. 电路安装训练

（1）电路安装训练的注意事项：

1）不要漏接接地线，严禁采用金属软管作为接地通道。

2）在导线通道内敷设的导线进行接线时，必须集中思想，做到查出一根导线，立即套上编码套管，接上后再进行复验。

3）在安装、调试过程中，工具、仪表的使用应符合要求。

4）通电操作时，必须严格遵守安全操作规程。

（2）电路安装训练。

5. 自检、互检及通电试车（见表 1–4–4）

表 1–4–4　检查记录

元件安装上是否存在问题		布线方面是否存在问题		通电试车中发现的问题	
元件布置是否合理		是否按接线图接线		熔体是否选用正确	
是否按布置图安装		布线是否合理		热继电器参数设置是否合理	
元件安装是否牢固		是否损伤线芯或绝缘		第一次试车是否成功	
元件安装是否整齐、均匀		接线是否符合要求（有无松动、露铜过长、反圈、线号管不正确等现象）		第二次试车是否成功	
是否损坏元件		是否漏接接地线		第三次试车是否成功	

工作任务笔记（见表 1–4–5）

表 1–4–5　工作笔记

记录学习过程中的难点、疑问、感悟或想法	
记录学习过程中解决问题的方法、灵感和体会	

工作任务评价（见表 1–4–6）

表 1–4–6　安装与调试两台电动机顺序启动、逆序停止控制线路的评价

<table>
<tr><td colspan="2">班级：________
小组：________
姓名：________</td><td colspan="6">指导教师：________
日　　期：________</td></tr>
<tr><td rowspan="2">评价项目</td><td rowspan="2">评价标准</td><td rowspan="2">评价依据</td><td colspan="3">评价方式</td><td rowspan="2">权重（%）</td><td rowspan="2">得分小计</td></tr>
<tr><td>学生自评（20%）</td><td>小组互评（30%）</td><td>教师评价（50%）</td></tr>
<tr><td>职业素养</td><td>1. 作风严谨、自觉遵章守纪
2. 按时按质完成工作任务
3. 积极主动承担工作任务，勤学好问
4. 人身安全与设备安全
5. 工作岗位 7s 完成情况</td><td>1. 出勤
2. 工作态度
3. 劳动纪律
4. 团队协作精神</td><td></td><td></td><td></td><td>20</td><td></td></tr>
</table>

续表

评价项目	评价标准	评价依据	评价方式			权重（%）	得分小计
			学生自评（20%）	小组互评（30%）	教师评价（50%）		
专业能力	1. 电气原理的分析情况 2. 布置图及接线图绘制情况 3. 元件安装情况 4. 安装布线情况 5. 自检、互检及试车情况	1. 操作的准确性和规范性 2. 回答问题的准确性 3. 项目完成情况				70	
创新能力	1. 在任务完成过程中能提出自己的见解或方案 2. 在教学或生产管理上提出的建议具有创新性	1. 方案的可行性 2. 建议的可行性				10	
合计							

工作任务拓展

试着画出三台电动机顺序启动、逆序停止控制线路，要求有必要的保护，并说明其原理。

课后思考与实践

(1) 要求几台电动机的启动或停止，必须按一定的______来完成的控制方式，叫做电动机的顺序控制。三相异步电动机可以在______或______实现顺序控制。

(2) 主电路实现电动机顺序控制的特点是：后启动电动机的主电路必须接在先启动电动机接触器______的下方。

(3) 控制电路实训顺序控制的特点是：后启动电动机的控制电路必须______（串联/并联）先启动电动机接触器的______触头。试画出能在两地控制同一台电动机的连续正转控制电路图。

任务五　三相异步电动机降压启动控制线路的安装与调试

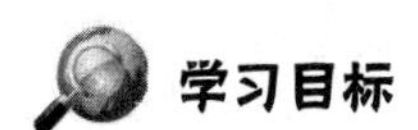

学习目标

（1）学会电动机的星形接法和三角形接法，理解电动机星形接法的相电压、相电流与线电压、线电流之间的关系；

（2）理解一台电动机采用星形—三角形降压启动的控制线路在工厂中的应用范围；

（3）能根据电路原理图安装其控制电路，做好电气元件的布置方案，做到安装的元器件整齐、布线美观；

（4）认真填写相关资讯问题；

（5）对学习过程和实训成果进行总结。

建议课时：20学时。

工作任务情境

某工厂新进了一批电动机，电源容量在200kVA，电动机容量在10kW，要求维修电工分别用两种降压启动方式让电机安全地启动，安装时间为2个小时。

工作任务准备

一、相关理论知识

1. 降压启动

降压启动是指利用启动设备将电压适当降低后，加到电动机的定子绕组上进行启动，待电动机启动运转后，再使其电压恢复到额定电压正常运转。

2. 降压启动的原因

当电动机直接启动时，启动电流较大，一般为额定电流的4~7倍，在电源变压器容量不够大，而电动机功率较大的情况下，直接启动将导致电源变压器输出电压下降，不仅会减小电动机本身的启动转矩，而且会影响线路中其他电气设备的正常工作，因此较大容量电动机启动时，需要采用降压启动。

3. 降压启动的方法

（1）定子绕组串电阻降压启动。定子绕组串电阻降压启动的原理是在电动机启动时，把电阻串接在电动机定子绕组与电源之间，通过电阻的分压作用来降低定子绕组上的电压。待电动机启动后，再将电阻短接，使电动机在额定电压下正常运行。定子绕组串电阻降压启动控制电路如图 1–5–1 所示。

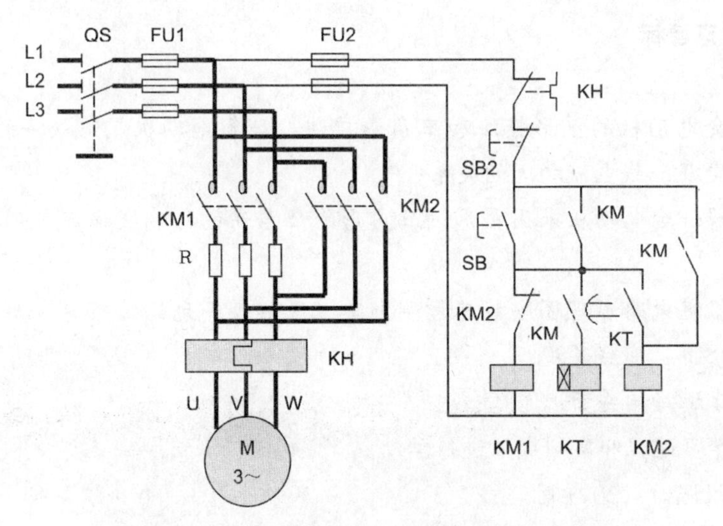

图 1–5–1　定子绕组串电阻降压启动控制电路

（2）自耦变压器降压启动。自耦变压器降压启动是在电动机启动时利用自耦变压器来降低加在电动机定子绕组上的电压。待电动机启动后，再使电动机与自耦变压器脱离，从而在全压下正常运行。自耦变压器降压启动控制电路如图 1–5–2 所示。

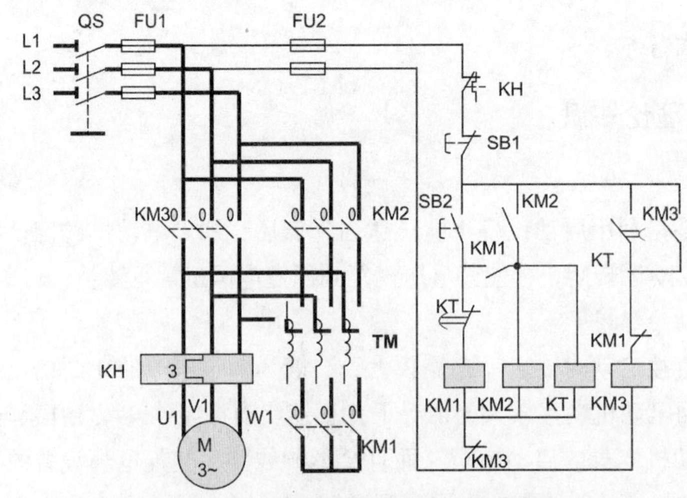

图 1–5–2　自耦变压器降压启动控制电路

（3）Y—△降压启动。原理如图 1-5-3 所示。

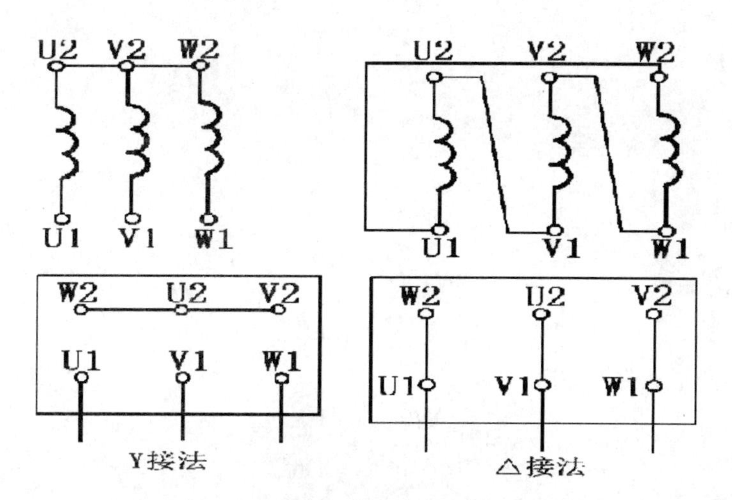

图 1-5-3　电动机定子绕组的星形和三角形接法

电动机启动时定子绕组接成星形，加在每相绕组上的启动电压只有三角形接法全压启动的$\frac{1}{\sqrt{3}}$，启动电流为三角形接法的$\frac{1}{3}$，当电动机启动后定子绕组接成三角形正常运行。如图 1-5-4 所示。

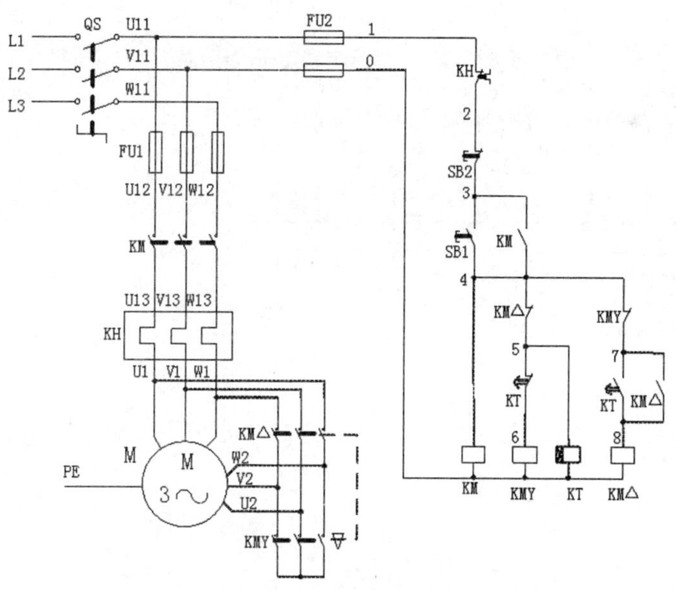

图 1-5-4　Y—△降压启动控制电路

（4）延边△降压启动。延边△降压启动是在 Y—△降压启动的基础上加以改进形成的一种启动形式，启动时，可以克服 Y—△降压启动的启动电压偏低，启动转矩较小的缺点。

延边三角形降压启动电动机定子绕组的联接方式如图 1–1–5 所示。

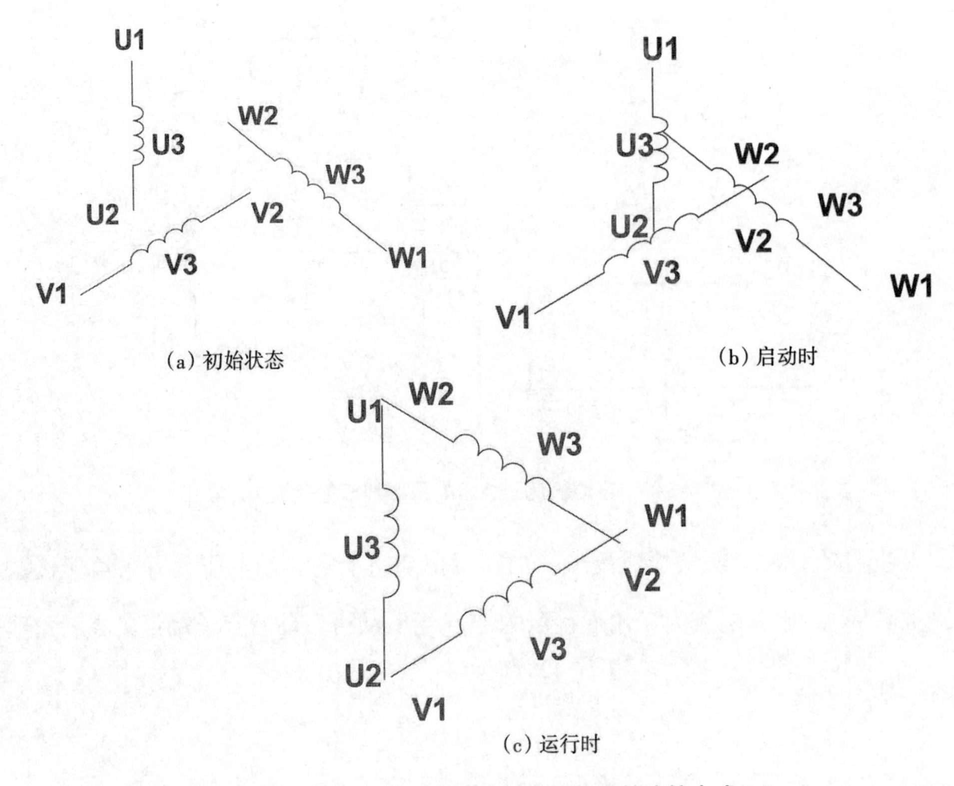

图 1–5–5　延边△降压启动定子绕组的连接方式

延边△降压启动控制电路如图 1–1–6 所示。

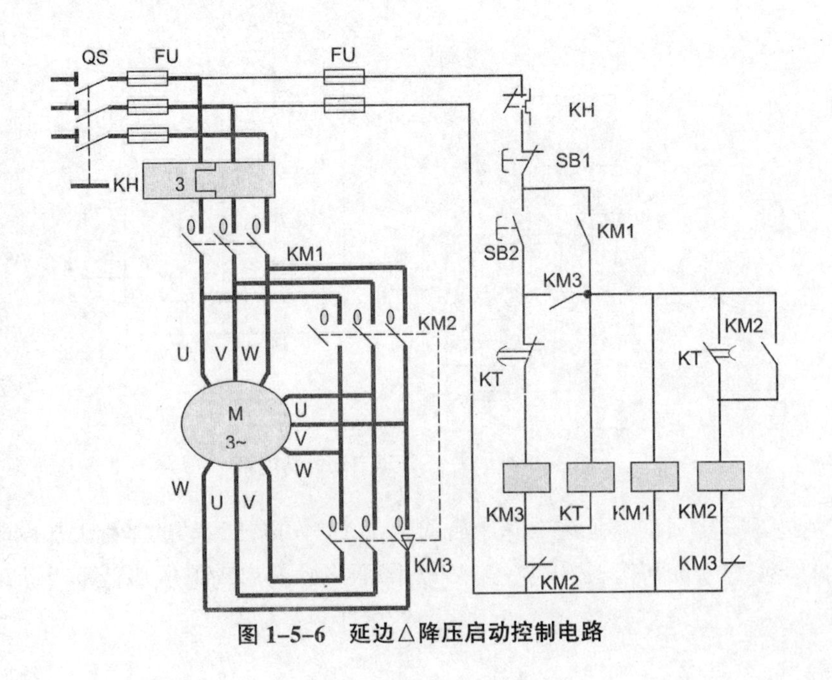

图 1–5–6　延边△降压启动控制电路

二、准备工具及材料

1. 准备工具

为完成工作任务，每个工作小组需要向仓库工作人员提供借用工具清单（见表1–5–1）。

表 1–5–1　借用工具清单

生产单号__________　领料部门__________　年　月　日

序号	名称	数量	借出时间	学生签名	归还时间	学生签名	管理员签名	备注

2. 材料的准备

为完成工作任务，每个工作小组需要向仓库工作人员提供借用材料清单（见表1–5–2）。

表 1–5–2　借用材料清单

生产单号__________　领料部门__________　年　月　日

序号	名称	数量	借出时间	学生签名	归还时间	学生签名	管理员签名	备注

三、团队分配的方案

根据学生人数合理分成若干小组，每组指定1人为小组长、1人为安全员、1人为领料员，其余为员工。组长负责组织本组相关问题的计划、实施及讨论汇总，填写各组员工作任务实施所需要文字材料的相关记录表等，领料员负责材料领取及分发，安全员负责整个学习、工作过程中人员及设备操作中的安全检查和监督。

工作任务指引

表 1–5–3　任务指引

步　骤	任　务	要　求
1	读图：读懂电路图，了解控制工作原理	写出控制工作原理
2	识图：把电路图中的文字符号与实际的电器元件一一对应起来	在各自的工位上了解实际的电器元件及其位置摆放
3	画图：根据实际元件摆放位置画出元件布置图和电气安装接线图	动手画接线图，也可画出接线简图
4	接线：根据接线图用导线把实际元件联接起来	接线原则：横平竖直，避免交叉，主控分开
5	自检、互检和试车	试车正确

工作任务记录

一、定子绕组串电阻降压启动控制

1. 分析定子绕组串电阻降压启动控制线路工作原理

（1）电阻的作用是什么？

（2）分析线路工作原理。

2. 绘制电器元件布置图

3. 绘制接线图

（1）主电路接线图。

（2）控制电路接线图。

4. 电路安装训练

（1）电路安装训练的注意事项：

1）不要漏接接地线，严禁采用金属软管作为接地通道；

2）在导线通道内敷设的导线进行接线时，必须集中思想，做到查出一根导线，立即套上编码套管，接上后再进行复验；

3）在安装、调试过程中，工具、仪表的使用应符合要求；

4）通电操作时，必须严格遵守安全操作规程。

（2）电路安装训练。

5. 自检、互检及通电试车（见表 1–5–4）

表 1–5–4　检查记录

元件安装上是否存在问题		布线方面是否存在问题		通电试车中发现的问题	
元件布置是否合理		是否按接线图接线		熔体是否选用正确	
是否按布置图安装		布线是否合理		热继电器参数设置是否合理	
元件安装是否牢固		是否损伤线芯或绝缘		第一次试车是否成功	
元件安装是否整齐、均匀		接线是否符合要求（有无松动、露铜过长、反圈、线号管不正确等现象）		第二次试车是否成功	
是否损坏元件		是否漏接接地线		第三次试车是否成功	

二、Y—△降压启动控制

1. 分析 Y—△降压启动线路工作原理

（1）Y—△接线转换是靠什么元件控制的?

（2）如何判断三相异步电动机的首尾段？何谓 Y—△接线?

（3）分析线路工作原理。

2. 绘制电器元件布置图

3. 绘制接线图

（1）主电路接线图。

（2）控制电路接线图。

4. 电路安装训练

（1）电路安装训练的注意事项：

1）不要漏接接地线，严禁采用金属软管作为接地通道；

2）在导线通道内敷设的导线进行接线时，必须集中思想，做到查出一根导线，立即套上编码套管，接上后再进行复验；

3）在安装、调试过程中，工具、仪表的使用应符合要求；

4）通电操作时，必须严格遵守安全操作规程。

（2）电路安装训练。

5. 自检、互检及通电试车

表 1–5–5　检查记录

元件安装上是否存在问题		布线方面是否存在问题		通电试车中发现的问题	
元件布置是否合理		是否按接线图接线		熔体是否选用正确	
是否按布置图安装		布线是否合理		热继电器参数设置是否合理	
元件安装是否牢固		是否损伤线芯或绝缘		第一次试车是否成功	
元件安装是否整齐、均匀		接线是否符合要求（有无松动、露铜过长、反圈、线号管不正确等现象）		第二次试车是否成功	
是否损坏元件		是否漏接接地线		第三次试车是否成功	

工作任务笔记（见表 1–5–6）

表 1–5–6　工作笔记

记录学习过程中的难点、疑问、感悟或想法	
记录学习过程中解决问题的方法、灵感和体会	

工作任务评价（见表 1–5–7、表 1–5–8）

表 1–5–7　安装与调试时间继电器控制定子绕组串电阻降压启动控制线路评价

<table>
<tr><td colspan="3">班级：________
小组：________
姓名：________</td><td colspan="5">指导教师：________
日　期：________</td></tr>
<tr><td rowspan="2">评价项目</td><td rowspan="2">评价标准</td><td rowspan="2">评价依据</td><td colspan="3">评价方式</td><td rowspan="2">权重（%）</td><td rowspan="2">得分小计</td></tr>
<tr><td>学生自评（20%）</td><td>小组互评（30%）</td><td>教师评价（50%）</td></tr>
<tr><td>职业素养</td><td>1. 作风严谨、自觉遵章守纪
2. 按时按质完成工作任务
3. 积极主动承担工作任务，勤学好问
4. 人身安全与设备安全
5. 工作岗位 7s 完成情况</td><td>1. 出勤
2. 工作态度
3. 劳动纪律
4. 团队协作精神</td><td></td><td></td><td></td><td>20</td><td></td></tr>
<tr><td>专业能力</td><td>1. 电气原理的分析情况
2. 布置图及接线图绘制情况
3. 元件安装情况
4. 安装布线情况
5. 自检、互检及试车情况</td><td>1. 操作的准确性和规范性
2. 回答问题的准确性
3. 项目完成情况</td><td></td><td></td><td></td><td>70</td><td></td></tr>
<tr><td>创新能力</td><td>1. 在任务完成过程中能提出自己的见解或方案
2. 在教学或生产管理上提出的建议具有创新性</td><td>1. 方案的可行性
2. 建议的可行性</td><td></td><td></td><td></td><td>10</td><td></td></tr>
<tr><td>合计</td><td></td><td></td><td></td><td></td><td></td><td></td><td></td></tr>
</table>

表 1-5-8　安装与调试时间继电器自动控制 Y—△降压启动控制线路的评价

班级：______ 小组：______ 姓名：______		指导教师：______ 日　　期：______					
评价项目	评价标准	评价依据	评价方式			权重(%)	得分小计
			学生自评(20%)	小组互评(30%)	教师评价(50%)		
职业素养	1. 作风严谨、自觉遵章守纪 2. 按时按质完成工作任务 3. 积极主动承担工作任务，勤学好问 4. 人身安全与设备安全 5. 工作岗位 7s 完成情况	1. 出勤 2. 工作态度 3. 劳动纪律 4. 团队协作精神				20	
专业能力	1. 电气原理的分析情况 2. 布置图及接线图绘制情况 3. 元件安装情况 4. 安装布线情况 5. 自检、互检及试车情况	1. 操作的准确性和规范性 2. 回答问题的准确性 3. 项目完成情况				70	
创新能力	1. 在任务完成过程中能提出自己的见解或方案 2. 在教学或生产管理上提出的建议具有创新性	1. 方案的可行性 2. 建议的可行性				10	
合计							

工作任务拓展

分析自耦变压器降压启动和延边△降压启动控制线路的工作原理。

课后思考与实践

(1) 三相异步电动机降压启动方式有哪几种？

(2) 什么叫全压启动或直接启动？

(3) 在什么情况下电动机可以采用直接启动？

(4) 比较四种启动训练的优缺点。

项目二　三相异步电动机的制动控制线路安装与调试

任务一　三相异步电动机反接制动控制线路安装与调试

（1）掌握并理解三相异步电动机制动方法和种类；
（2）理解反接制动的制动原理和反接制动在工厂里的应用范围；
（3）学会分析单向启动反接制动控制线路的工作原理；
（4）学会正确安装与检修单向启动反接制动控制线路；
（5）学会对学习的过程和实训成果进行总结。
建议课时：12 学时。

工作任务情境

某化工厂新增加一台水泵，该水泵由一台配套的三相异步电动机来拖动，要求这台电动机能够单相启动，停止时能够进行反接制动。厂长要求厂里的电工在 3 个小时内完成安装，并通过验收。

工作任务准备

一、相关理论知识

电动机断开电源以后，由于惯性作用不会马上停止转动，而是需要转动一段时间才会完全停下来。这种情况对于某些生产机械是不适宜的。例如，起重机的吊钩需要准确定位、万能铣床要求立即停转等。为满足生产机械的这种要求就要对电动机进行制动。

制动就是给电动机一个与机械转动方向相反的转矩使它迅速停转（或限制其转

速）。工程中常用的制动方法一般有两类：机械制动和电力制动。

机械制动可分为电磁抱闸断电制动、电磁抱闸通电制动、电磁离合器制动；电力制动又可分为能耗制动、反接制动、电容制动和再生发电制动等几种。

（一）机械制动

利用机械装置使电动机断开电源后迅速停转的方法叫机械制动。机械制动常用的方法有电磁抱闸器制动和电磁离合器制动，两者原理相似，控制线路基本相同。下面以电磁抱闸器为例，介绍机械制动的原理和控制线路。

1. 电磁抱闸制动器制动

电磁抱闸制动器分为断电制动型和通电制动型两种。电磁抱闸制动器结构如图 2–1–1 所示，电磁抱闸制动器工作原理如图 2–1–2 所示。

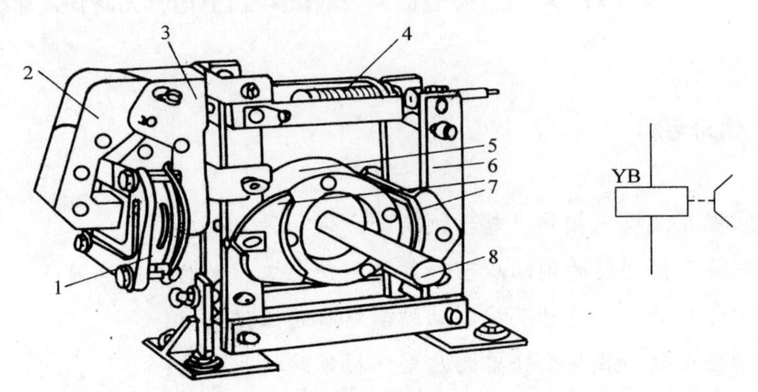

1—线圈　2—衔铁　3—铁心　4—弹簧　5—闸轮　6—杠杆　7—闸瓦　8—轴

图 2–1–1　电磁抱闸制动器结构

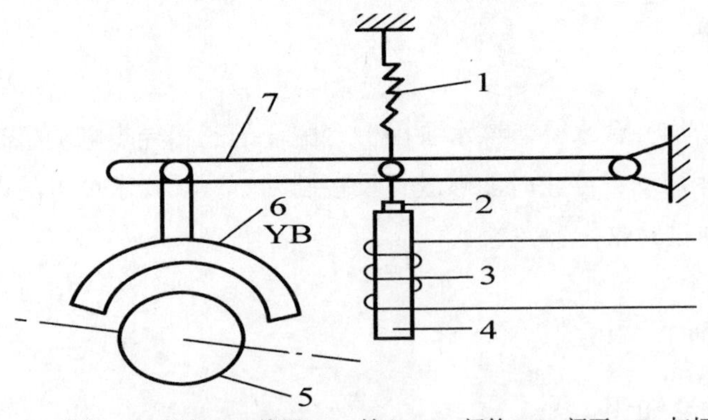

1—弹簧　2—衔铁　3—线圈　4—铁心　5—闸轮　6—闸瓦　7—杠杆

图 2–1–2　电磁抱闸制动器工作原理示意图

（1）电磁抱闸器断电制动型控制电路。如图 2–1–3 所示。

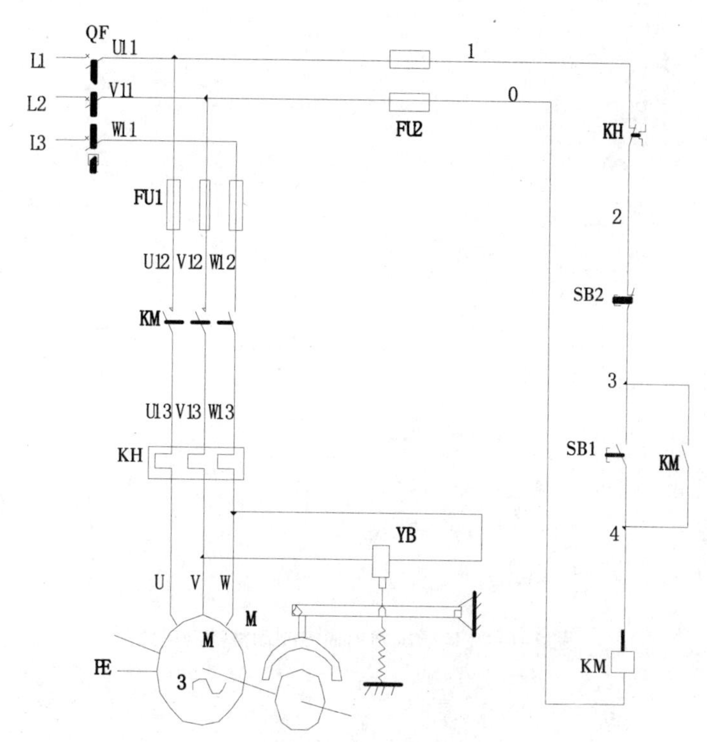

图 2–1–3　电磁抱闸器断电制动型控制电路

电磁抱闸器断电制动型的工作原理如下：启动时先合上电源开关 QF，按下启动按钮 SB1，KM 线圈得电，KM 自锁触头闭合自锁，KM 主触头闭合，电磁抱闸线圈 YB 得电，衔铁与铁心吸合，衔铁克服弹簧拉力，迫使制动杠杆向上移动，使抱闸的闸瓦与闸轮分开，电动机启动运行。停止时，按停止按钮 SB2，接触器 KM 失电释放，电磁抱闸线圈 YB 也失电，在弹簧的作用下，杠杆向上移动，闸瓦与闸轮紧紧抱住实现制动。

电磁抱闸器断电制动在起重机械上被广泛应用，其优点是能够准确定位，同时可以防止电动机突然断电时重物自行坠落。但由于电磁抱闸器线圈耗电时间与电动机一样长，因此不够经济。另外由于电磁抱闸器在切断电源后的制动作用，使手动调整工件很困难。

（2）电磁抱闸器通电制动型控制电路。其工作原理如下：电动机得电运转时，电磁抱闸制动器线圈断电，闸瓦和闸轮分开，无制动作用。当电动机失电需停转时，电磁抱闸制动器线圈得电，闸瓦紧紧抱住闸轮制动。当电动机处于停转常态时，线圈也无电，闸瓦和闸轮分开，这样操作人员可以用手扳动主轴进行调整工件、对刀等操作。如图 2–1–4 所示。

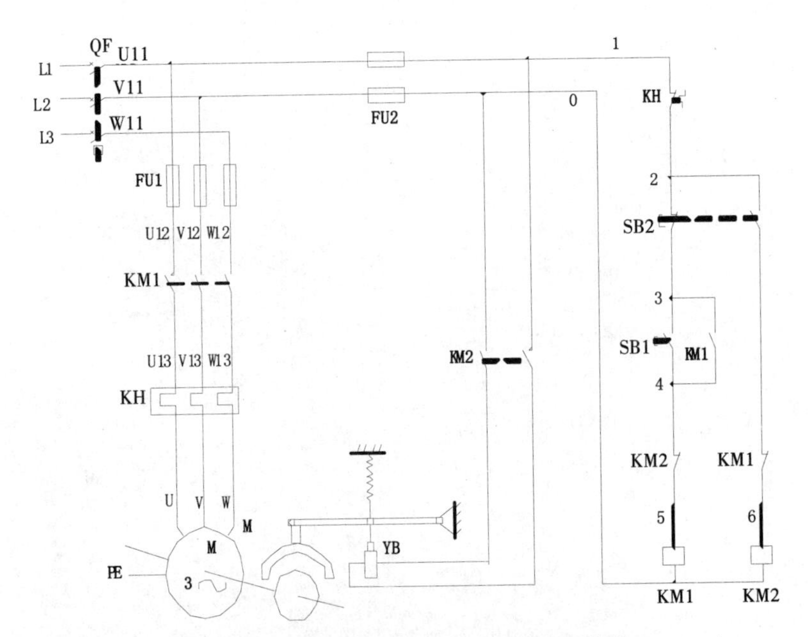

图 2-1-4　电磁抱闸器通电制动型控制电路

2. 电磁离合器制动

（1）电磁离合器结构如图 2-1-5 所示。

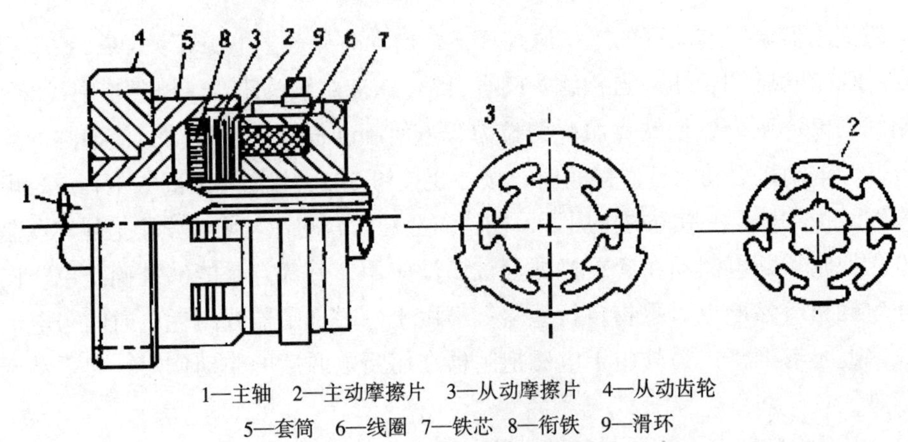

1—主轴　2—主动摩擦片　3—从动摩擦片　4—从动齿轮
5—套筒　6—线圈　7—铁芯　8—衔铁　9—滑环

图 2-1-5　电磁离合器结构

（2）电磁离合器原理。主动轴 1 的花键轴端，装有主动摩擦片 2，它可以沿轴向自由移动，因系花键联接，将随主动轴一起转动。从动摩擦片 3 与主动摩擦片交替装叠，其外缘凸起部分卡在与从动齿轮 4 固定在一起的套筒 5 内，因而从动摩擦片可以随同从动齿轮，在主动轴转动时它可以不转。当线圈 6 通电后，将摩擦片吸向铁芯 7，衔铁 8 也被吸住，紧紧压住各摩擦片。依靠主、从动摩擦片之间的摩擦力，使从动齿轮随主动轴转动。线圈断电时，装在内外摩擦片之间的圈状弹簧使衔铁和摩擦片复原，离合器即失去传递力矩的作用。线圈一端通过电刷和滑环 9 输入直流电，另一端可接地。

(3) 电磁离合器作用。电磁离合器是一种自动化执行元件，它利用电磁力的作用来传递或中止机械传动中的扭矩。

(二) 电力制动

使电动机在切断电源停转的过程中，产生一个和电动机实际旋转方向相反的电磁力矩（制动力矩），使电动机迅速制动停转的方法叫做电力制动。电力制动常用的方法有能耗制动、反接制动、电容制动和再生发电制动等。

1. 反接制动

(1) 反接制动原理。在图 2-1-6a 所示电路中，当 QS 向上投合时，电动机定子绕组电源电压相序为 L1-L2-L3，电动机将沿旋转磁场方向（图 2-1-6b 中顺时针方向），以 $n<n_1$ 的转速正常运转。

当电动机需要停转时，拉下开关 QS，使电动机先脱离电源（此时转子由于惯性仍按原方向旋转）。随后，将开关 QS 迅速向下投合，由于 L1、L2 两相电源线对调，电动机定子绕组电源电压相序变为 L2-L1-L3，旋转磁场反转（图 2-1-6b 中逆时针方向），此时转子将以 n_1+n 的相对转速沿原转动方向切割旋转磁场，在转子绕组中产生感应电流，用右手定则判断出其方向如图 2-1-6b 所示。而转子绕组一旦产生电流，又受到旋转磁场的作用，产生电磁转矩，其方向可用左手定则判断出来，如图 2-1-6b 所示。可见，此转矩方向与电动机的转动方向相反，使电动机受制动迅速停转。

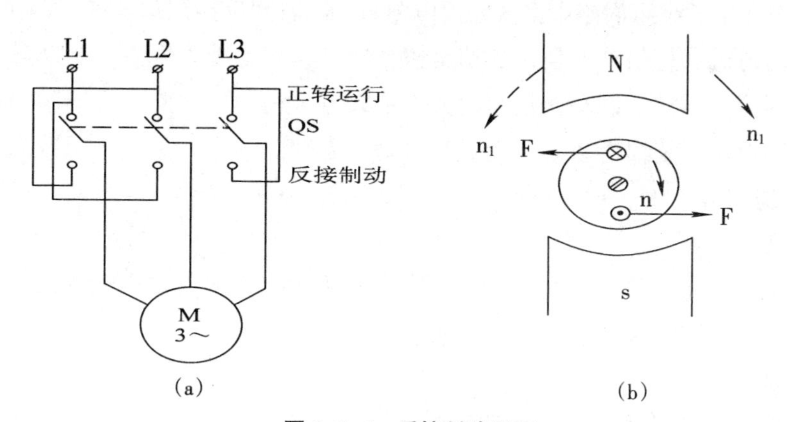

图 2-1-6　反接制动原理

可见，反接制动是依靠改变电动机定子绕组的电源相序来产生制动力矩，迫使电动机迅速停转的。

当电动机转速接近零值时，应立即切断电动机电源，否则电动机将反转。因此，在反接制动设施中，为保证电动机的转速被制动到接近零值时，能迅速切断电源，防止反向启动，常利用速度继电器来自动地及时切断电源。

（2）单相启动反接制动控制电路。如图 2–1–7 所示。

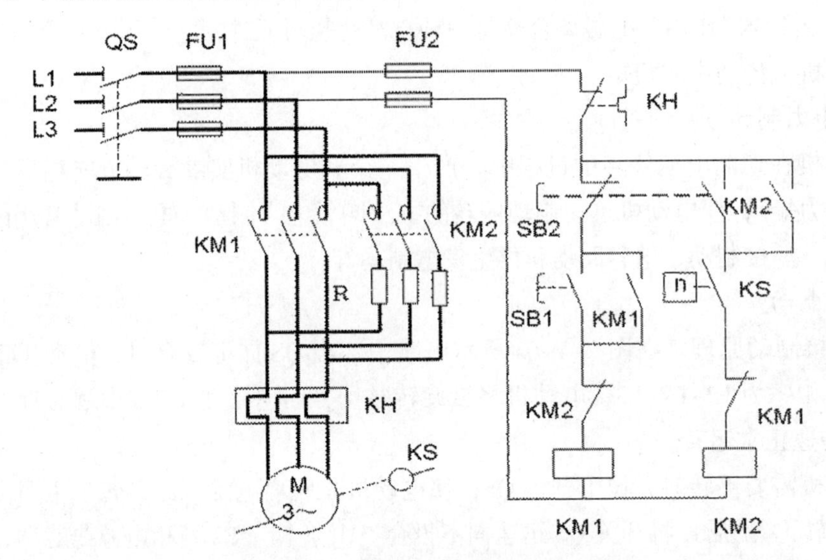

图 2–1–7　单相启动反接制动控制电路图

反接制动时，由于旋转磁场与转子的相对转速（n_1+n）很高，故转子绕组中感应电流很大，致使定子绕组中的电流很大，一般约为电动机额定电流的 10 倍左右。因此，反接制动适用于 10kW 以下小容量电动机的制动，并且对 4.5kW 以上的电动机进行反接制动时，需在定子绕组回路中串入限流电阻 R，以限制反接制动电流。

反接制动的优点是制动力强，制动迅速。缺点是制动准确性差，制动过程中冲击强烈，易损坏传动零件，制动能量消耗大，不宜经常制动。因此，反接制动一般适用于制动要求迅速、系统惯性较大、不经常启动与制动的场合，如铣床、镗床、中型车床等主轴制动控制。

2. 能耗制动

电动机切断交流电源后，立即在定子线组的任意两相中通入直流电，利用转子感应电流受静止磁场的作用以达到制动目的。

3. 电容制动

当电动机切断交流电源后，立即在电动机定子绕组的出线端接入电容器来迫使电动机迅速停转的方法叫电容制动。

4. 再生发电制动

再生发电制动又称回馈制动，主要用于起重机械和多速异步电动机上，制动时将机械能转换成电能，再回馈到电网。

二、准备工具及材料

1. 准备工具

为完成工作任务，每个工作小组需要向工作站内仓库工作人员提供工具借用清单（见表 2–1–1）。

表 2–1–1 借用工具清单

生产单号____________ 领料部门____________ 年 月 日

序号	名称	数量	借出时间	学生签名	归还时间	学生签名	管理员签名	备注

2. 材料的准备

为完成工作任务，每个工作小组需要向工作站内仓库工作人员提供材料领用清单（见表 2–1–2）。

表 2–1–2 借用材料清单

生产单号____________ 领料部门____________ 年 月 日

序号	名称	数量	借出时间	学生签名	归还时间	学生签名	管理员签名	备注

三、团队分配方案

根据学生人数合理分成若干小组，每组指定 1 人为小组长、1 人为安全员、1 人为领料员，其余为员工。组长负责组织本组相关问题的计划、实施及讨论汇总，填写各组员工作任务实施所需要文字材料的相关记录表等。领料员负责材料领取及分发，安全员负责整个学习、工作过程中人员及设备操作中的安全检查和监督。

工作任务指引（见表 2-1-3）

表 2-1-3 任务指引

步 骤	任 务	要 求
1	分析电动机单向启动反接制动控制电路的工作原理	熟悉线路工作原理
2	绘制电动机单向启动反接制动控制电路的电器元件布置图	电器元件布置合理
3	绘制电动机单向启动反接制动控制电路的接线图	合理进行布线和配线，按电器元件实际位置进行绘制
4	安装电动机单向启动反接制动控制电路	符合安装、布线的工艺要求
5	自检、互检和通电试车	试车正确

工作任务记录

1. 分析单相启动反接制动线路工作原理

（1）试分析电路中转速继电器的作用。

（2）分析线路工作原理。

2. 绘制电器元件布置图

3. 绘制接线图

4. 电路安装训练

（1）电路安装训练的注意事项：

1）不要漏接接地线。严禁采用金属软管作为接地通道。

2）在导线通道内敷设的导线进行接线时，必须集中思想，做到查出一根导线，立即套上编码套管，接上后再进行复验。

3）在安装、调试过程中，工具、仪表的使用应符合要求。

4）通电操作时，必须严格遵守安全操作规程。

（2）电路安装训练。

5. 自检、互检及通电试车（见表 2–1–4）

表 2–1–4　检查记录

元件安装上是否存在问题		布线方面是否存在问题		通电试车中发现的问题	
元件布置是否合理		是否按接线图接线		熔体是否选用正确	
是否按布置图安装		布线是否合理		热继电器参数设置是否合理	
元件安装是否牢固		是否损伤线芯或绝缘		第一次试车是否成功	
元件安装是否整齐、均匀		接线是否符合要求（有无松动、露铜过长、反圈、线号管不正确等现象）		第二次试车是否成功	
是否损坏元件		是否漏接接地线		第三次试车是否成功	

工作任务笔记（见表 2–1–5）

表 2–1–5 工作笔记

记录学习过程中的难点、疑问、感悟或想法	
记录学习过程中解决问题的方法、灵感和体会	

工作任务评价（见表 2–1–6）

表 2–1–6 安装与调试单向启动反接制动线路的评价

班级：________ 小组：________ 姓名：________		指导教师：________ 日 期：________					
评价项目	评价标准	评价依据	评价方式			权重（%）	得分小计
			学生自评（20%）	小组互评（30%）	教师评价（50%）		
职业素养	1. 作风严谨、自觉遵章守纪 2. 按时按质完成工作任务 3. 积极主动承担工作任务，勤学好问 4. 人身安全与设备安全 5. 工作岗位 7s 完成情况	1. 出勤 2. 工作态度 3. 劳动纪律 4. 团队协作精神				20	

续表

评价项目	评价标准	评价依据	评价方式			权重（%）	得分小计
			学生自评（20%）	小组互评（30%）	教师评价（50%）		
专业能力	1. 电气原理的分析情况 2. 布置图及接线图绘制情况 3. 元件安装情况 4. 安装布线情况 5. 自检、互检及试车情况	1. 操作的准确性和规范性 2. 回答问题的准确性 3. 项目完成情况				70	
创新能力	1. 在任务完成过程中能提出自己的见解或方案 2. 在教学或生产管理上提出的建议具有创新性	1. 方案的可行性 2. 建议的可行性				10	
合计							

工作任务拓展

试给一台电动机设计出一个控制线路，要求如下：

（1）电动机能 Y—△降压启动。

（2）停止时采用反接制动。

（3）具有过载、短路、失压欠压保护。

课后思考与实践

（1）什么叫制动？制动的方法有哪些？

（2）什么叫电力制动？常用的电力制动的方法有哪几种？

（3）反接制动的优缺点有哪些？

任务二 三相异步电动机能耗制动控制线路安装与调试

学习目标

（1）理解能耗制动的制动原理和能耗制动在工厂里的应用范围；

（2）学会分析无变压器单相半波整流单向启动能耗制动控制线路的工作原理；

（3）学会分析有变压器单相桥式整流单向启动能耗制动控制线路的工作原理；

（4）学会正确安装与检修有变压器单相桥式整流单向启动能耗制动控制线路；
（5）学会对学习的过程和实训成果进行总结。
建议课时：12 学时

工作任务情境

某机床厂家要设计一台磨床，要求该磨床的主轴能单向启动，并采用有变压器单相桥式整流单相启动能耗制动，要求电气工作人员尽快完成安装调试。

工作任务准备

一、相关理论知识

1. 能耗制动原理

能耗制动原理如图 2–2–1 所示。

在图 2–2–1 所示电路中，断开电源开关 QS1，切断电动机的交流电源后，这时转子仍沿原方向惯性运转；随后立即合上开关 QS2，并将 QS1 向下合闸，电动机 V、W 两相定子绕组通入直流电，使定子中产生一个恒定的静止磁场，这样做惯性运转的转子因切割磁感线而在转子绕组中产生感应电流，其方向用右手定则判断，如图 2–2–1 所示。转子绕组中一旦产生了感应电流，又立即受到静止磁场的作用，产生电磁转矩，用左手定则判断可知，此转矩的方向正好与电动机的转向相反，使电动机受制动迅速停转。

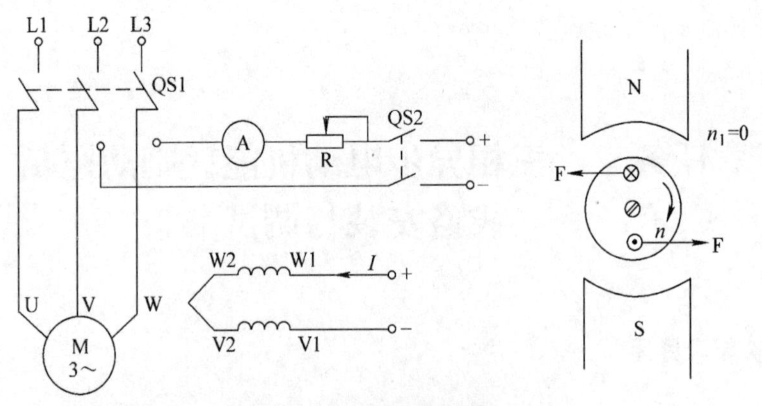

图 2–2–1　能耗制动原理

由以上分析可知，这种制动方法是在电动机切断交流电源后，通过立即在定子绕组的任意两相中通入直流电，以消耗转子惯性运转的动能来进行制动的，所以称为能耗制动，又称动能制动。

2. 单向启动能耗制动自动控制线路

无变压器单向半波整流单相启动能耗制动自动控制线路如图 2-2-2 所示，线路采用半波整流器作为直流电源，所用附加设备较少，线路简单，成本低，常用于 10kW 以下小容量电动机，且对制动要求不高的场合。如图 2-2-2 所示。

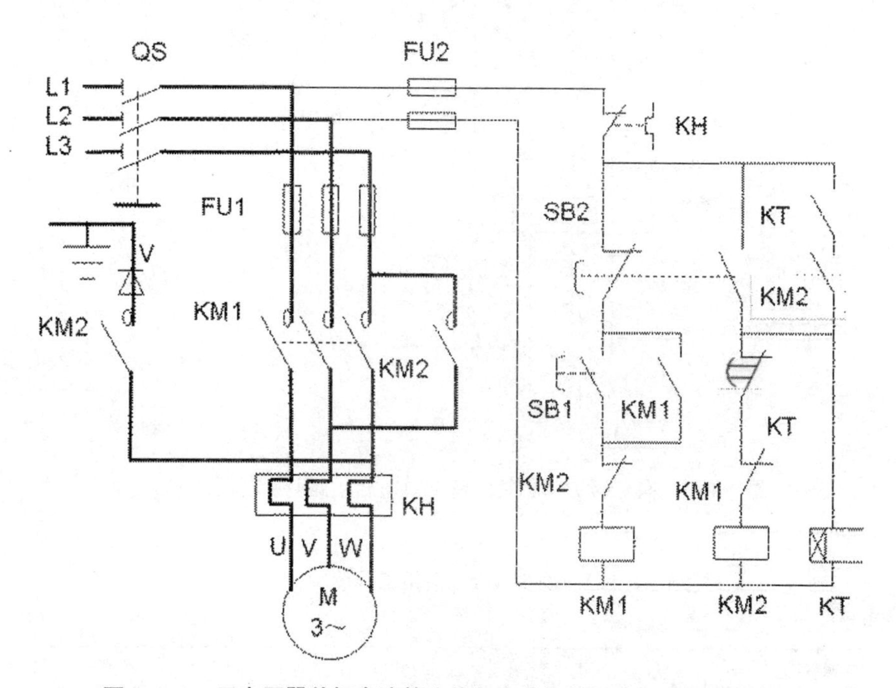

图 2-2-2　无变压器单相半波整流单向启动能耗制动自动控制电路

3. 有变压器单相桥式整流单向启动能耗制动自动控制线路

对于 10kW 以上容量的电动机，多采用有变压器单相桥式整流单向启动能耗制动自动控制线路，如图 2-2-3 所示。其中直流电源由单相桥式整流器 VC 供给，TC 是整流变压器，电阻 R 用来调节直流电流，从而调节制动强度，整流变压器的一次侧与整流器的直流侧同时进行切换，有利于提高触头的使用寿命。如图 2-2-3 所示。

能耗制动的优点是制动准确、平稳，且能量消耗较小。缺点是需要附加直流电源装置，设备费用较高，制动力矩较弱，在低速时制动力矩小。因此能耗制动一般用于要求制动准确、平稳的场合，如磨床、立式铣床等控制线路中。

二、准备工具及材料

1. 准备工具

为完成工作任务，每个工作小组需要向工作站内仓库工作人员提供工具借用清单（见表 2-2-1）。

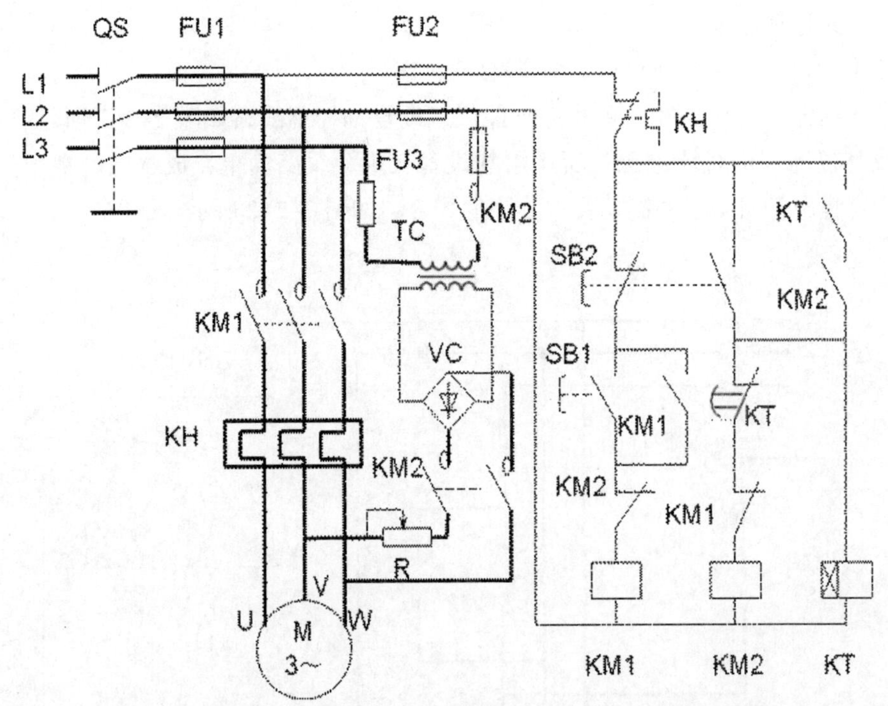

图 2–2–3　有变压器单相桥式整流单向启动能耗制动自动控制电路

表 2–2–1　借用工具清单

生产单号________________　领料部门____________________　年　　月　　日

序号	名称	数量	借出时间	学生签名	归还时间	学生签名	管理员签名	备注

2. 材料的准备

为完成工作任务，每个工作小组需要向工作站内仓库工作人员提供材料领用清单(见表 2–2–2)。

表 2-2-2　借用材料清单

生产单号＿＿＿＿＿＿　领料部门＿＿＿＿＿＿　年　月　日

序号	名称	数量	借出时间	学生签名	归还时间	学生签名	管理员签名	备注

三、团队分配方案

根据学生人数合理分成若干小组，每组指定 1 人为小组长、1 人为安全员、1 人为领料员，其余为员工。组长负责组织本组相关问题的计划、实施及讨论汇总，填写各组员工作任务实施所需要文字材料的相关记录表等，领料员负责材料领取及分发，安全员负责整个学习、工作过程中人员及设备操作中的安全检查和监督。

工作任务指引（见表 2-2-3）

表 2-2-3　任务指引

步骤	任　务	要　求
1	分析有变压器单相桥式整流单向启动能耗制动控制电路的工作原理	熟悉线路工作原理
2	绘制有变压器单相桥式整流单向启动能耗制动控制电路的电器元件布置图	电器元件布置合理
3	绘制有变压器单相桥式整流单向启动能耗制动控制电路的接线图	合理进行布线和配线，按电器元件实际位置进行绘制
4	安装有变压器单相桥式整流单向启动能耗制动自动控制电路	符合安装、布线的工艺要求
5	自检、互检和通电试车	试车正确

工作任务记录

1. 分析有变压器单相桥式整流单向启动能耗制动自动控制电路工作原理

(1) 电路中主要采用了哪些保护？分别由什么元件实现?

(2) 试分析电路中各主要元件的名称和作用。

(3) 分析线路工作原理。

2. 绘制电器元件布置图

3. 绘制接线图

4. 电路安装训练

（1）电路安装训练的注意事项：

1）不要漏接接地线。严禁采用金属软管作为接地通道。

2）在导线通道内敷设的导线进行接线时，必须集中思想，做到查出一根导线，立即套上编码套管，接上后再进行复验。

3）在安装、调试过程中，工具、仪表的使用应符合要求。

4）通电操作时，必须严格遵守安全操作规程。

（2）电路安装训练。

5. 自检、互检及通电试车（见表 2–2–4）

表 2–2–4　检查记录

元件安装上是否存在问题		布线方面是否存在问题		通电试车中发现的问题	
元件布置是否合理		是否按接线图接线		熔体是否选用正确	
是否按布置图安装		布线是否合理		热继电器参数设置是否合理	
元件安装是否牢固		是否损伤线芯或绝缘		第一次试车是否成功	
元件安装是否整齐、均匀		接线是否符合要求（有无松动、露铜过长、反圈、线号管不正确等现象）		第二次试车是否成功	
是否损坏元件		是否漏接接地线		第三次试车是否成功	

工作任务笔记（见表 2–2–5）

表 2–2–5　工作笔记

记录学习过程中的难点、疑问、感悟或想法	
记录学习过程中解决问题的方法、灵感和体会	

工作任务评价（见表 2-2-6）

表 2-2-6 安装与调试有变压器单相桥式整流单向启动能耗制动自动控制电路的评价

班级：______ 小组：______ 姓名：______		指导教师：______ 日　期：______					
评价项目	评价标准	评价依据	评价方式			权重（%）	得分小计
			学生自评（20%）	小组互评（30%）	教师评价（50%）		
职业素养	1. 作风严谨、自觉遵章守纪 2. 按时按质完成工作任务 3. 积极主动承担工作任务，勤学好问 4. 人身安全与设备安全 5. 工作岗位 7s 完成情况	1. 出勤 2. 工作态度 3. 劳动纪律 4. 团队协作精神				20	
专业能力	1. 电气原理的分析情况 2. 布置图及接线图绘制情况 3. 元件安装情况 4. 安装布线情况 5. 自检、互检及试车情况	1. 操作的准确性和规范性 2. 回答问题的准确性 3. 项目完成情况				70	
创新能力	1. 在任务完成过程中能提出自己的见解或方案 2. 在教学或生产管理上提出的建议具有创新性	1. 方案的可行性 2. 建议的可行性				10	
合计							

工作任务拓展

试给一台电动机设计出一个控制线路，要求如下：

（1）电动机能正反转启动。

（2）停止时采用有变压器单相桥式整流能耗制动。

（3）具有过载、短路、失压欠压保护。

课后思考与实践

（1）能耗制动的优缺点是什么？

（2）能耗制动有哪几种形式？各适合什么场合？

项目三　三相异步电动机调速控制线路安装与调试

任务一　时间继电器控制双速电机控制线路安装与调试

学习目标

（1）掌握并理解电动机的调速方法，弄清双速电机的变速原理；
（2）理解双速电机及其控制电路在工厂中的应用；
（3）学会分析时间继电器控制双速电机控制线路的工作原理；
（4）学会正确安装与检修时间继电器控制双速电机控制线路；
（5）学会对学习的过程和实训成果进行总结。
建议课时：7 学时。

工作任务情境

某小区地下车库要求通风和排烟系统的风道和风机共用，平时作为通风机使用，风机以低速运行，一旦发生火灾，立刻切换到高速，作为消防排烟机使用。车库所有人员要求施工单位给予安装调试。

工作任务准备

一、相关理论知识

1. 三相异步电动机的调速方法

由三相异步电动机的转速公式 $n=\frac{60f_1}{p}(1-s)$ 可知，改变异步电动机转速可通过三种方法来实现：一是改变电源频率 f_1；二是改变转差率 s；三是改变磁极对数 p。其中

改变电源频率 f_1 的调速叫变频调速，这种调速方法要有专用的变频调速装置，是无级调速，现已广泛用于风机、水泵、数控机床主轴等的电动机调速控制中；改变转差率 s 的调整方法也要有配套的装置，并且电动机一定要是特殊的滑差电动机或转子串电阻专用电动机，调速范围较窄，只能在一定范围内调速；改变异步电动机的磁极对数调速称为变极调速。变极调速是通过改变定子绕组的连接方式来实现的，它是有级调速，且只适用于笼型异步电动机。常见的多速电动机有双速、三速、四速等几种类型。多速电动机具有可随负载性质的要求而分级的变换转速，从而达到功率的合理匹配和简化变速系统的特点，适用于需要逐级调速的各种机构，主要应用于万能、组合、专用切削机床及矿山冶金、纺织、印染、化工、农机等行业中。

2. 双速异步电动机定子绕组的连接

双速异步电动机定子绕组的△/YY 连接如图 3-1-1 所示，图中，三相定子绕组接成△形，由三个连接点接出三个出线端 U1、V1、W1，从每相绕组的中点各接出一个出线端 U2、V2、W2，这样定子绕组共有 6 个出线端。通过改变 6 个出线端与电源的连接方式，就可以得到两种不同的转速。

电动机低速工作时，就把三相电源分别接在 U1、V1、W1 上，另外三个出线端 U2、V2、W2 空着不接，如图 3-1-1(a) 所示，此时电动机定子绕组接成△形，磁极为 4 极，同步转速为 1500r/min。

电动机高速工作时，就把三个出线端 U1、V1、W1 并接在一起，三相电源分别接到另外三个出线端 U2、V2、W2 上，如图 3-1-1（b）所示，这时电动机定子绕组接成 YY 形，磁极为 2 极，同步转速为 3000r/min。可见，双速电机高速运转时的转速是低速运转时转速的两倍。

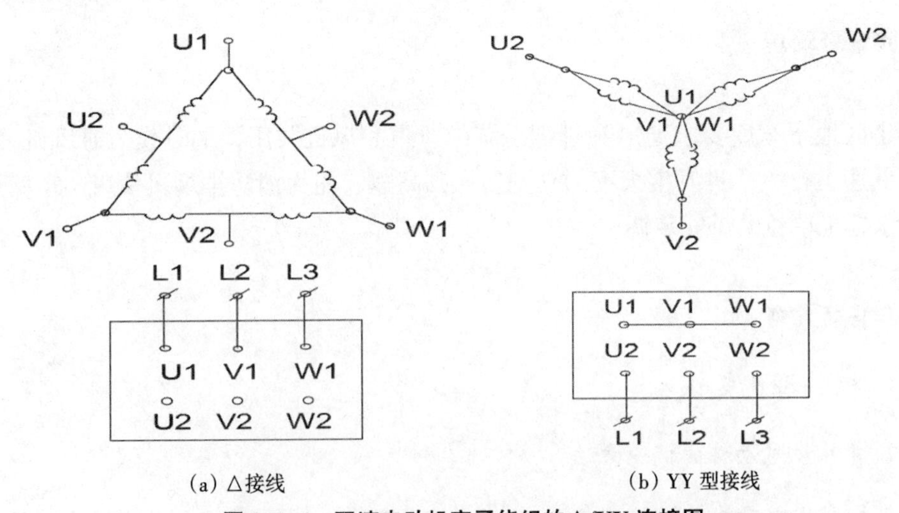

(a) △接线　　(b) YY 型接线

图 3-1-1　双速电动机定子绕组的△/YY 连接图

值得注意的是，双速电动机定子绕组从一种接法改变为另一种接法时，必须把电源相序反接，以保证电动机的旋转方向不变。

3. 双速电动机的控制线路

（1）接触器控制双速电动机的控制线路如图 3–1–2 所示。

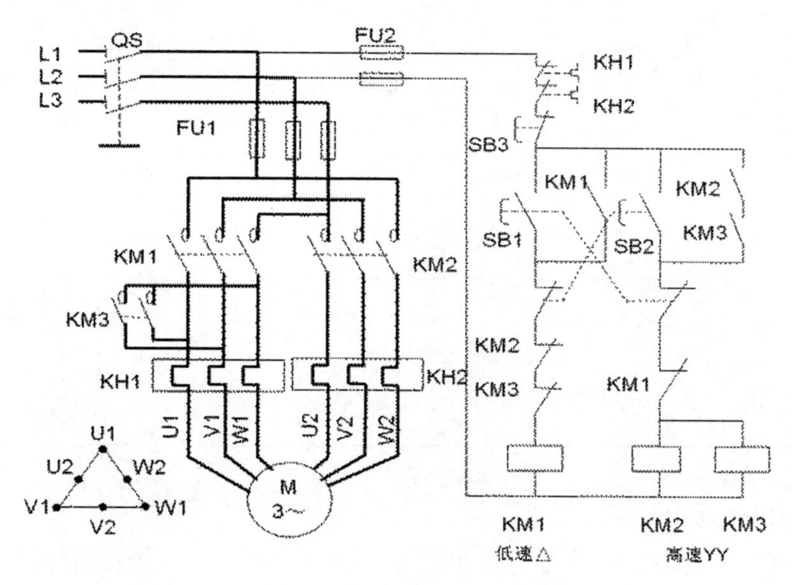

图 3–1–2　接触器控制双速电动机的控制线路

（2）时间继电器控制双速电动机电路。用时间继电器控制双速电机低速启动高速运转的电路如图 3–1–3 所示。时间继电器 KT 控制电动机△形启动时间和△/YY 的自动换接运转。

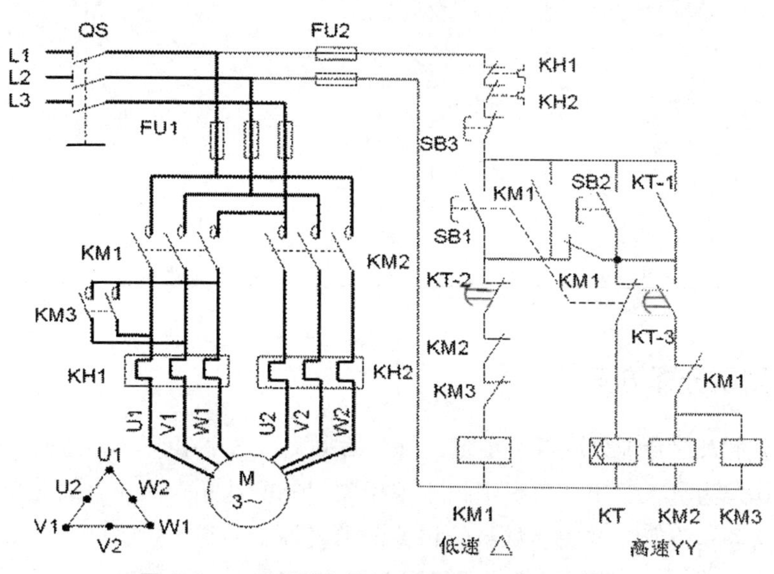

图 3–1–3　时间继电器控制双速电动机电路图

二、准备工具及材料

1. 准备工具

为完成工作任务，每个工作小组需要向仓库工作人员提供工具借用清单（见表3–1–1）。

表 3–1–1　借用工具清单

生产单号__________　领料部门__________　年　月　日

序号	名称	数量	借出时间	学生签名	归还时间	学生签名	管理员签名	备注

2. 材料的准备

为完成工作任务，每个工作小组需要向仓库工作人员提供材料领用清单（见表3–1–2）。

表 3–1–2　借用材料清单

生产单号__________　领料部门__________　年　月　日

序号	名称	数量	借出时间	学生签名	归还时间	学生签名	管理员签名	备注

三、团队分配方案

根据学生人数合理分成若干小组，每组指定 1 人为小组长、1 人为安全员、1 人为领料员，其余为员工。组长负责组织本组相关问题的计划、实施及讨论汇总，填写各组员工作任务实施所需要文字材料的相关记录表等，领料员负责材料领取及分发，安全员负责整个学习、工作过程中人员及设备操作中的安全检查和监督。

工作任务指引（见表 3-1-3）

表 3-1-3　任务指引

步骤	任　务	要　求
1	分析时间继电器双速电机控制电路的工作原理	熟悉线路工作原理
2	绘制时间继电器双速电机控制电路的电器元件布置图	电器元件布置合理
3	绘制时间继电器双速电机控制电路的接线图	合理进行布线和配线，按电器元件实际位置进行绘制
4	安装时间继电器双速电机控制电路	符合安装、布线的工艺要求
5	自检、互检和通电试车	试车正确

工作任务记录

1. 分析时间继电器控制双速电动机线路工作原理

（1）试在下方画出高速和低速的工作路径。

（2）分析线路工作原理。

2. 绘制电器元件布置图

3. 绘制接线图

（1）主电路接线图。

（2）控制电路接线图。

4. 电路安装训练

（1）电路安装训练的注意事项：

1）不要漏接接地线，严禁采用金属软管作为接地通道。

2）在导线通道内敷设的导线进行接线时，必须集中思想，做到查出一根导线，立即套上编码套管，接上后再进行复验。

3）在安装、调试过程中，工具、仪表的使用应符合要求。

4）通电操作时，必须严格遵守安全操作规程。

（2）电路安装训练。

5. 自检、互检及通电试车（见表 3–1–4）

表 3–1–4 检查记录

元件安装上是否存在问题		布线方面是否存在问题		通电试车中发现的问题	
元件布置是否合理		是否按接线图接线		熔体是否选用正确	
是否按布置图安装		布线是否合理		热继电器参数设置是否合理	
元件安装是否牢固		是否损伤线芯或绝缘		第一次试车是否成功	
元件安装是否整齐、均匀		接线是否符合要求（有无松动、露铜过长、反圈、线号管不正确等现象）		第二次试车是否成功	
是否损坏元件		是否漏接接地线		第三次试车是否成功	

工作任务笔记（见表 3–1–5）

表 3–1–5　工作笔记

记录学习过程中的难点、疑问、感悟或想法	
记录学习过程中解决问题的方法、灵感和体会	

工作任务评价（见表 3–1–6）

表 3–1–6　安装与调试时间继电器双速电机控制电路的评价

班级：________ 小组：________ 姓名：________		指导教师：________ 日　　期：________					
评价项目	评价标准	评价依据	评价方式			权重（%）	得分小计
			学生自评（20%）	小组互评（30%）	教师评价（50%）		
职业素养	1. 作风严谨、自觉遵章守纪 2. 按时按质完成工作任务 3. 积极主动承担工作任务，勤学好问 4. 人身安全与设备安全 5. 工作岗位 7s 完成情况	1. 出勤 2. 工作态度 3. 劳动纪律 4. 团队协作精神				20	
专业能力	1. 电气原理的分析情况 2. 布置图及接线图绘制情况 3. 元件安装情况 4. 安装布线情况 5. 自检、互检及试车情况	1. 操作的准确性和规范性 2. 回答问题的准确性 3. 项目完成情况				70	

续表

评价项目	评价标准	评价依据	评价方式			权重（%）	得分小计
			学生自评（20%）	小组互评（30%）	教师评价（50%）		
创新能力	1. 在任务完成过程中能提出自己的见解或方案 2. 在教学或生产管理上提出的建议具有创新性	1. 方案的可行性 2. 建议的可行性				10	
合计							

工作任务拓展

试给一台三速电动机设计控制线路，要求如下：

（1）按下低速按钮时，电动机低速启动运行；按下中速按钮时，电动机先低速启动，5s 后自动切换到高速运行。

（2）按下停止按钮，电机停转。

（3）具有过载、短路、失压欠压保护。

课后思考与实践

（1）电动机的调速方法有哪些？

（2）双速电动机的定子绕组共有几个出线端？分别画出双速电动机在低速、高速时定子绕组的接线图。

项目四　含三相异步电动机的启动、制动等综合控制线路安装与调试

任务一　Y—△降压启动能耗制动控制线路安装与调试

学习目标

(1) 掌握并理解电动机的 Y—△降压启动原理和接线方法；
(2) 掌握并理解电动机能耗制动原理和接线方法；
(3) 掌握 Y—△降压启动和能耗制动综合应用范围；
(4) 学会正确安装与检修电动机 Y—△降压启动能耗制动控制线路；
(5) 学会对学习的过程和实训成果进行总结。

建议课时：16 学时。

工作任务情境

某机床厂要设计一台铣床控制电路，要求该铣床的主轴启动时采用 Y—△降压启动，停止时采用能耗制动，负责人要求技术人员尽快完成安装调试。

工作任务准备

一、相关理论知识

Y—△降压启动能耗制动控制电路如图 4-1-1 所示。

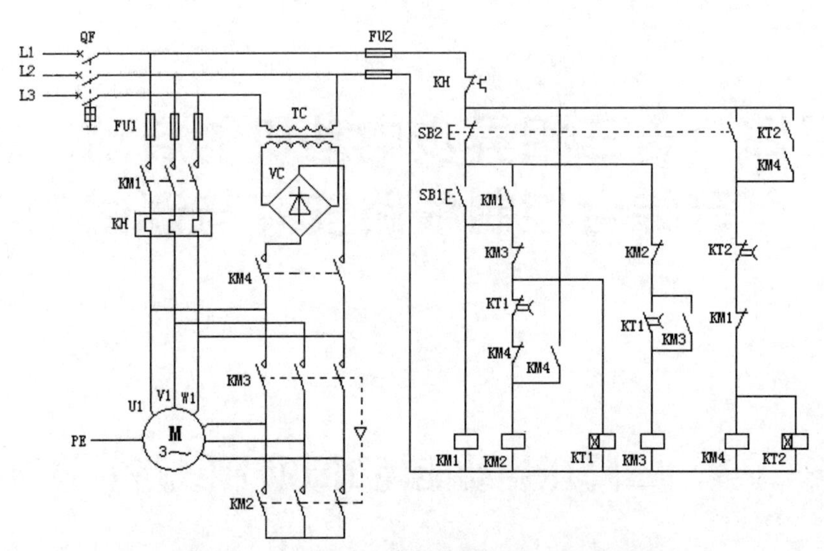

图 4-1-1　Y-△降压启动能耗制动控制电路图

二、准备工具及材料

1. 准备工具

为完成工作任务，每个工作小组需要向仓库工作人员提供工具借用清单（见表 4-1-1）。

表 4-1-1　借用工具清单

生产单号__________　领料部门__________　年　月　日

序号	名称	数量	借出时间	学生签名	归还时间	学生签名	管理员签名	备注

2. 材料的准备

为完成工作任务，每个工作小组需要向仓库工作人员提供材料领用清单（见表 4-1-2）。

表 4-1-2 借用材料清单

生产单号________ 领料部门________ 年 月 日

序号	名称	数量	借出时间	学生签名	归还时间	学生签名	管理员签名	备注

三、团队分配方案

根据学生人数合理分成若干小组，每组指定 1 人为小组长、1 人为安全员、1 人为领料员，其余为员工。组长负责组织本组相关问题的计划、实施及讨论汇总，填写各组员工作任务实施所需要文字材料的相关记录表等。领料员负责材料领取及分发，安全员负责整个学习、工作过程中人员及设备操作中的安全检查和监督。

工作任务指引（见表 4-1-3）

表 4-1-3 任务指引

步骤	任 务	要 求
1	分析电动机 Y-△降压启动能耗制动控制电路的工作原理	熟悉线路工作原理
2	绘制电动机 Y-△降压启动能耗制动控制电路的电器元件布置图	电器元件布置合理
3	绘制电动机 Y-△降压启动能耗制动控制电路的接线图	合理进行布线和配线，按电器元件实际位置进行绘制
4	安装电动机 Y-△降压启动能耗制动控制电路	符合安装，布线的工艺要求
5	自检、互检和通电试车	试车正确

工作任务记录

1. 分析线路工作原理

（1）电路中采用什么方法进行降压启动，其原理是什么？

（2）电路中采用什么制动方法，其原理是什么？

（3）分析线路工作原理。

2. 绘制电器元件布置图

3. 绘制接线图

（1）主电路接线图。

（2）控制电路接线图。

4. 电路安装训练

（1）电路安装训练的注意事项：

1）不要漏接接地线，严禁采用金属软管作为接地通道。

2）在导线通道内敷设的导线进行接线时，必须集中思想，做到查出一根导线，立即套上编码套管，接上后再进行复验。

3）在安装、调试过程中，工具、仪表的使用应符合要求。

4）通电操作时，必须严格遵守安全操作规程。

（2）电路安装训练。

5. 自检、互检及通电试车（见表 4-1-4）

表 4-1-4　检查记录

元件安装上是否存在问题		布线方面是否存在问题		通电试车中发现的问题	
元件布置是否合理		是否按接线图接线		熔体是否选用正确	
是否按布置图安装		布线是否合理		热继电器参数设置是否合理	
元件安装是否牢固		是否损伤线芯或绝缘		第一次试车是否成功	
元件安装是否整齐、均匀		接线是否符合要求（有无松动、露铜过长、反圈、线号管不正确等现象）		第二次试车是否成功	
是否损坏元件		是否漏接接地线		第三次试车是否成功	

工作任务笔记（见表 4-1-5）

表 4-1-5　工作笔记

记录学习过程中的难点、疑问、感悟或想法	
记录学习过程中解决问题的方法经过、灵感和体会	

工作任务评价（见表 4-1-6）

表 4-1-6　安装与调试电动机 Y—△降压启动能耗制动控制电路的评价

<table>
<tr><td colspan="3">班级：
小组：
姓名：</td><td colspan="5">指导教师：
日　期：</td></tr>
<tr><td rowspan="2">评价项目</td><td rowspan="2">评价标准</td><td rowspan="2">评价依据</td><td colspan="3">评价方式</td><td rowspan="2">权重（%）</td><td rowspan="2">得分小计</td></tr>
<tr><td>学生自评（20%）</td><td>小组互评（30%）</td><td>教师评价（50%）</td></tr>
<tr><td>职业素养</td><td>1. 作风严谨、自觉遵章守纪
2. 按时按质完成工作任务
3. 积极主动承担工作任务，勤学好问
4. 人身安全与设备安全
5. 工作岗位 7s 完成情况</td><td>1. 出勤
2. 工作态度
3. 劳动纪律
4. 团队协作精神</td><td></td><td></td><td></td><td>20</td><td></td></tr>
<tr><td>专业能力</td><td>1. 电气原理的分析情况
2. 布置图及接线图绘制情况
3. 元件安装情况
4. 安装布线情况
5. 自检、互检及试车情况</td><td>1. 操作的准确性和规范性
2. 回答问题的准确性
3. 项目完成情况</td><td></td><td></td><td></td><td>70</td><td></td></tr>
<tr><td>创新能力</td><td>1. 在任务完成过程中能提出自己的见解或方案
2. 在教学或生产管理上提出的建议具有创新性</td><td>1. 方案的可行性
2. 建议的可行性</td><td></td><td></td><td></td><td>10</td><td></td></tr>
<tr><td>合计</td><td></td><td></td><td></td><td></td><td></td><td></td><td></td></tr>
</table>

工作任务拓展

试给一台电动机设计以下控制线路，要求如下：

（1）双速电机，低速直接启动，高速时先启低速，自动转换为高速。

（2）按下停止按钮，电机能够进行能耗制动。

（3）具有过载、短路、失压欠压等保护。

课后思考与实践

（1）双速电机原理和控制方法？

（2）降压启动的方法及原理？

（3）制动的方法与原理？

项目五　常用机床电气线路故障分析与检修

任务一　KH-C6140 型车床控制线路故障分析与检修

学习目标

（1）能正确识读 KH-C6140 型车床电气控制线路的控制过程及工作原理；

（2）能掌握常用机床维修的检修过程、检修原则、检修思路、常用检修方法；

（3）能描述故障现象，根据故障现象和 KH-C6140 型车床电气原理图，分析故障范围，查找故障点；

（4）能够熟练运用常用的排除故障方法排除故障；

（5）对学习过程和实训成果进行总结。

建议课时：20 学时。

工作任务情境

机械加工厂有一台型号为 KH-C6140 的车床出现电气故障，影响正常生产，工厂负责人要求维修电工进行紧急检修，要求 2 小时内恢复正常生产。

工作任务准备

一、理论知识

车床是一种应用极为广泛的金属切削机床，能够车削外圆、内圆、端面、螺纹、切断及切槽等，并可装上钻头或铰刀进行钻孔和铰孔等加工。机械加工中广泛应用 CA6140 型卧式车床，其结构如图 5-1-1 所示。

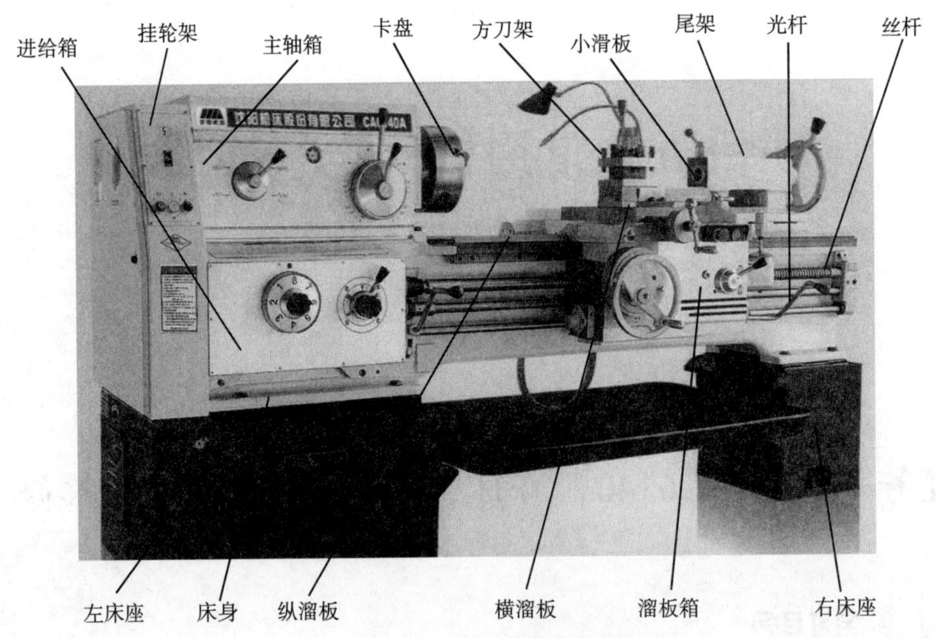

图 5-1-1　车床结构示意图

1. 主要结构及运动特点

普通车床主要由床身、主轴变速箱、进给箱、溜板箱、刀架、丝杆和光杆等部件组成。主轴变速箱的功能是支撑主轴和传动、变速，包含主轴及其轴承、传动机构、启停及换向装置、制动装置、操作机构及润滑装置。KH-C6140 型普通机床的主传动可以使主轴获得 24 级正转转速（10~1400r/min）和 12 级反转转速（14~1580r/min）。进给箱的作用是变换被加工螺纹的种类和导程，以获得所需的各种进给量。它通常由变换螺纹导程和进给量的变速机构、变换螺纹种类的移换机构、丝杆及光杆转换机构以及操纵机构等组成。溜板箱的作用是将丝杆或光杆传来的旋转运动变为直线运动并带动刀架进给，控制刀架运动的接通、断开和换向等。刀架则用来安装车刀并带动其作纵向、横向和斜向进给运动。

车床有两个主要运动，一是卡盘或顶尖带动工件的旋转运动，即主运动；另一运动是溜板带动刀架的直线移动，即进给运动。KH-C6140 机床的主运动和进给运动均采用一台异步电动机驱动。此外，还有溜板和刀架的快速移动等辅助运动等。

2. 电气控制要求

（1）主轴电动机一般选用三相笼型异步电动机，功率为 7.5kW，不进行电气调速。

（2）为加工螺纹工件，主轴要求正、反转，KH-C6140 型车床靠摩擦离合器来实现，电动机只作单向旋转。

（3）由于功率不大，主轴电动机采用直接启动，停车时采用机械制动。

（4）设一台冷却泵电动机，输出冷却液对刀具和工件进行冷却。

（5）冷却泵电动机与主轴电动机是顺序启动关系，即冷启动电动机应在主轴电动机启动后才可以启动，主轴电动机停止时，冷却泵电动机立即停止。

（6）控制溜板箱快速移动的快移电动机采用点动控制。

（7）电气线路应用必要的保护环节、安全可靠的照明和信号指示电路。

3. 电气故障检修的一般步骤（见图 5–1–2）

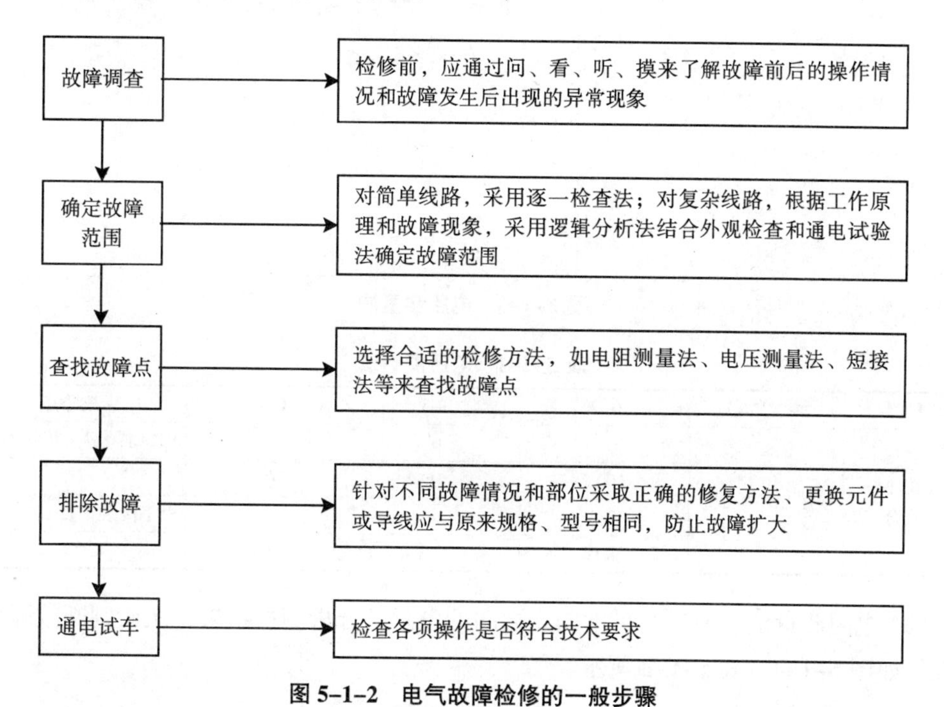

图 5–1–2　电气故障检修的一般步骤

4. 机床线路的识图方法

（1）首先阅读主电路中的如下信息：①电机台数。②各台电机要实现什么控制。③每台电机的控制由什么电气元件来实现。

（2）再阅读控制电路。思路：①按下按钮（或合上、断开、压合、松开手动开关、行程开关）。②线圈得电（失电）。③触头动作。④产生后果。

具体情况会有所不同，但大多数情况是符合上述规律的。

（3）逐台叙述电机工作原理。

5. 查找故障点的方法

常用来查找故障点的方法很多，主要由测量法和短接法，这里介绍测量法。

（1）电压测量法。通过测量不同点之间的电压，分析测量结果，从而判断故障点之所在。如图 5–1–3、表 5–1–1 所示。

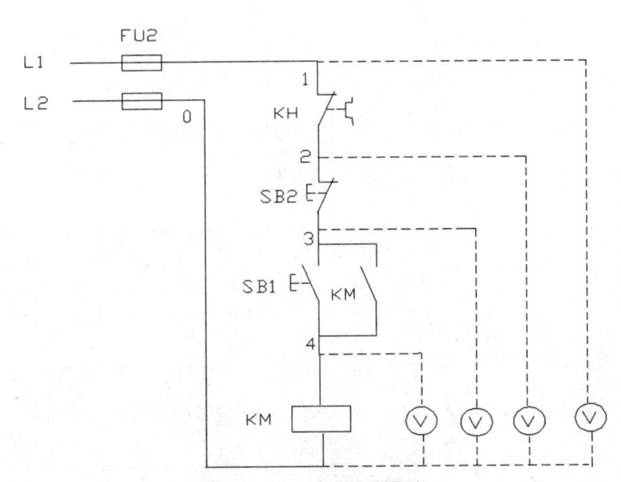

图 5-1-3　电压测量法

表 5-1-1　电压测量法

故障现象	测试状态	0~2	0~3	0~4	故障点
按下 SB1 时，KM 不吸合	按住 SB1 不放		0		KH 常闭触头接触不良
		380V	0	0	
		380V		0	SB1 接触不良
		380V	380V	380V	

（2）电阻测量法。通过测量不同点之间的电阻，分析测量结果，从而判断故障点之所在。如图 5-1-4、表 5-1-2 所示。

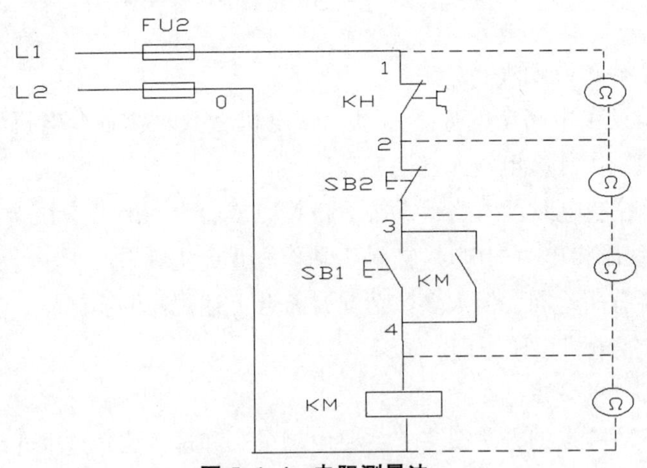

图 5-1-4　电阻测量法

表 5-1-2　电阻测量法

故障现象	测试点	电阻值	故障点
按下 SB1 时，KM 不吸合	1~2	∞	
	2~3	∞	
	3~4	∞	
	4~0	∞	

6. KH–C6140 型车床的电气原理图（见图 5–1–5）

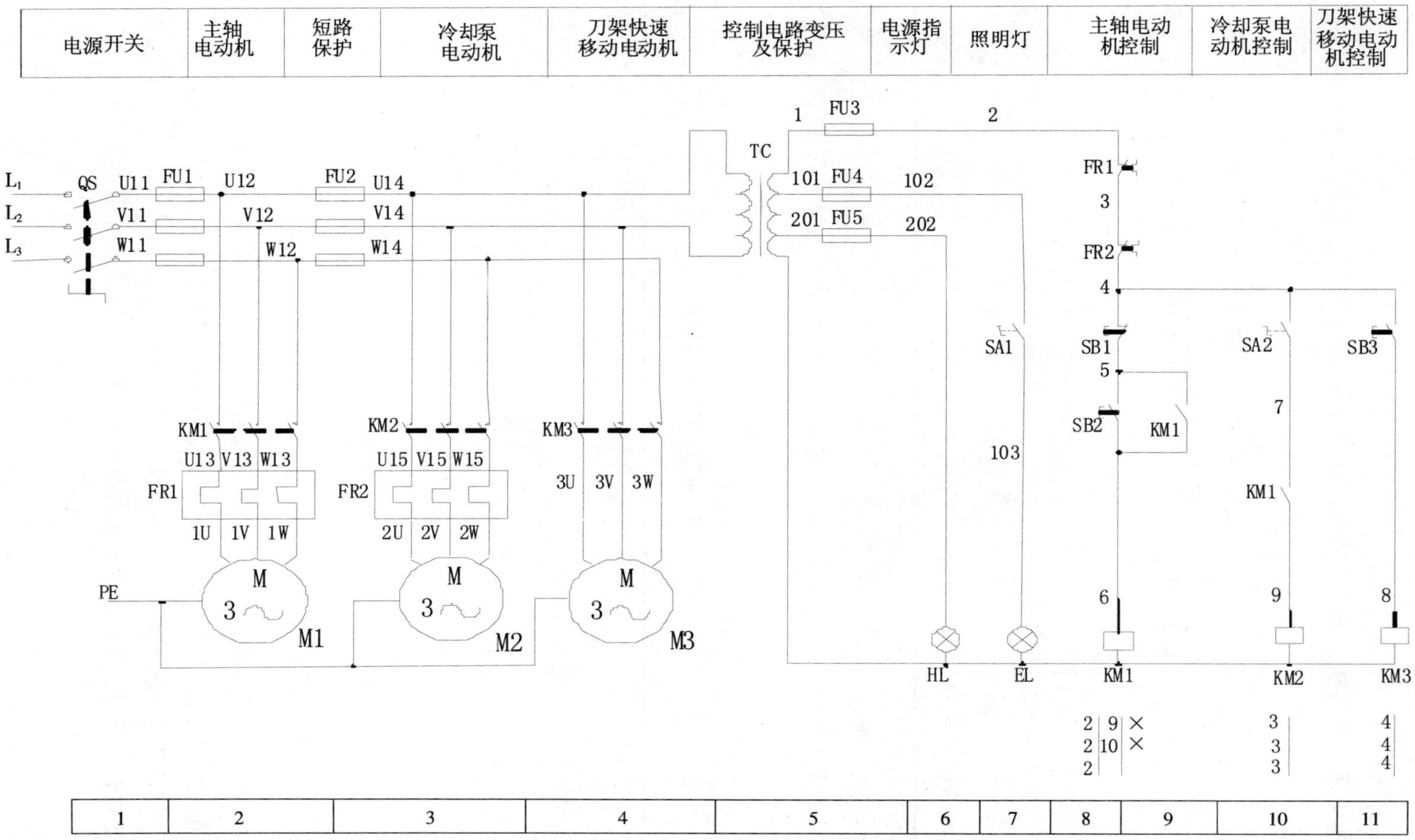

电源开关	主轴电动机	短路保护	冷却泵电动机	刀架快速移动电动机	控制电路变压及保护	电源指示灯	照明灯	主轴电动机控制		冷却泵电动机控制	刀架快速移动电动机控制
1	2	3	3	4	5	6	7	8	9	10	11

图 5–1–5　KH–C6140 车床控制线路原理

二、准备工具及材料

1. 准备工具

为完成工作任务，每个工作小组需要向仓库工作人员提供借用工具清单（见表5-1-3）。

表 5-1-3 借用工具清单

生产单号：＿＿＿＿＿＿ 领料部门：＿＿＿＿＿＿ 年 月 日

序号	名称	数量	借出时间	学生签名	归还时间	学生签名	管理员签名	备注

2. 材料的准备

为完成工作任务，每个工作小组需要向仓库工作人员提供借用材料清单（见表5-1-4）。

表 5-1-4 借用材料清单

生产单号：＿＿＿＿＿＿ 领料部门：＿＿＿＿＿＿ 年 月 日

序号	名称	数量	借出时间	学生签名	归还时间	学生签名	管理员签名	备注

三、团队分配的方案

根据学生人数合理分成若干小组，每组指定 1 人为小组长、1 人为安全员、1 人为领料员，其余为员工。组长负责组织本组相关问题的计划、实施及讨论汇总，填写各组员工作任务实施所需要文字材料的相关记录表等，领料员负责材料领取及分发，安全员负责整个学习、工作过程中人员及设备操作中的安全检查和监督。

工作任务指引（见表 5-1-5）

表 5-1-5　任务指引

步　骤	任　务	要　求
1	识读 KH-C6140 型车床的电气工作原理	熟悉线路工作原理
2	描述故障现象	准确写出故障现象
3	分析故障范围	准确画出（写出）故障范围
4	确定故障点、排除故障	准确画出（写出）故障点并排除故障
5	自检、互检和试车	试车正确

工作任务记录

1. 分析线路工作原理

（1）在图中分别圈出主电路、控制电路和辅助电路。

（2）电路中主要采用了哪些保护？分别由什么元件实现？

（3）变压器 TC 的二次测有几种输出电压，各是多少，提供给哪些电路？

（4）说明电路图上方文字和下方数字的含义。

（5）分析线路工作原理。

2. 观察和描述故障现象

（1）调查故障现象的主要手段有哪些？

（2）通电试车进行故障现象调查时注意事项是什么？

（3）故障现象描述。

3. 分析故障可能原因并确定故障范围

（1）判断故障范围的依据有哪些？

（2）如何确定最小故障范围？

（3）确定故障范围。

4. 确定故障点及故障排除

（1）电压法和电阻法在应用场合、操作方法、应用注意事项等方面有什么区别?

（2）除电压法和电阻法以外，常用的查找故障点的方法还有哪些?

（3）故障点确定。

表 5–1–6　测试记录

步骤	测试内容	测试结果	结论和下一步措施

5. 自检、互检和试车（见表 5–1–7）

表 5–1–7　检查记录

故障范围是否正确		检修方法是否正确		是否修复故障	

6. 其他故障分析与练习

工作任务笔记（见表 5-1-8）

表 5-1-8　工作笔记

记录学习过程中的难点、疑问、感悟或想法	
记录学习过程中解决问题的方法、灵感和体会	

工作任务评价（见表 5-1-9）

表 5-1-9　KH-C6140 型车床电气故障检修评价

<table>
<tr><td colspan="3">班级：
小组：
姓名：</td><td colspan="5">指导教师：
日　期：</td></tr>
<tr><td rowspan="2">评价项目</td><td rowspan="2">评价标准</td><td rowspan="2">评价依据</td><td colspan="3">评价方式</td><td rowspan="2">权重（%）</td><td rowspan="2">得分小计</td></tr>
<tr><td>学生自评（20%）</td><td>小组互评（30%）</td><td>教师评价（50%）</td></tr>
<tr><td>职业素养</td><td>1. 作风严谨、自觉遵章守纪
2. 按时按质完成工作任务
3. 积极主动承担工作任务，勤学好问
4. 人身安全与设备安全
5. 工作岗位 7s 完成情况</td><td>1. 出勤
2. 工作态度
3. 劳动纪律
4. 团队协作精神</td><td></td><td></td><td></td><td>20</td><td></td></tr>
</table>

续表

评价项目	评价标准	评价依据	评价方式			权重(%)	得分小计
			学生自评(20%)	小组互评(30%)	教师评价(50%)		
专业能力	1. 电气原理的分析情况 2. 故障范围的确定情况 3. 故障点的判断情况 4. 故障排除情况 5. 自检、互检及试车情况	1. 操作的准确性和规范性 2. 回答问题的准确性 3. 项目完成情况				70	
创新能力	1. 在任务完成过程中能提出自己的见解或方案 2. 在教学或生产管理上提出的建议具有创新性	1. 方案的可行性 2. 建议的可行性				10	
合计							

工作任务拓展

为保证检修时的安全，要求配电箱门打开后，机床电源就应断开，关上配电箱门后，机床电源接通，试对电气线路进行改造设计。

课后思考与实践

（1）若主轴电动机不能连续运行，可能的原因有哪些？这时冷却泵电动机是否可以正常工作？

（2）主轴电动机运行中自动停车，操作者立即按下启动按钮，但电动机不能启动，试分析故障原因。

任务二 KH–M1432A 型外圆磨床控制线路故障分析与检修

学习目标

（1）能正确识读 KH–M1432A 型外圆磨床电气控制线路的控制过程及工作原理；

（2）继续掌握常用机床维修的检修过程、检修原则、检修思路、常用检修方法；

（3）能描述故障现象，根据故障现象和 KH–M1432A 型外圆磨床电气原理图，分析故障范围，查找故障点，能够熟练运用常用的故障方法排除故障；

（4）对学习过程和实训成果进行总结。

建议课时：20 学时。

工作任务情境

学院数控系实训室有一台型号为 KH–M1432A 的外圆磨床出现电气故障，影响学生生产实习，系负责人要求维修电工进行紧急检修，要求 2 小时内恢复正常。

工作任务准备

一、理论知识

磨床是用砂轮的周边或端面对工件的表面进行机械加工的一种精密机床。磨床的种类很多，根据用途不同可以分为平面磨床、内圆磨床、外圆磨床等。其结构如图 5–2–1 所指示。

1. 主要结构及运动特点

KH–M1432A 型万能外圆磨床主要用于磨削内外圆柱面、内外圆锥面、阶梯轴肩以及端面和简单的成形回转体表面等。这种磨床万能性强，但磨削效率不高，自动化程度较低，适用于工具车间、维修车间和单件小批量生产类型。

KH–M1432A 型万能外圆磨床由下列主要部件组成：

（1）床身。床身是磨床的基础支承件，用于支承和定位机床的各个部件。

（2）头架。用于装夹和定位工件并带动工件作自转运动。当头架体旋转一个角度时，可磨削短圆锥面；当头架体作逆时针回转 90°时，可磨削小平面。

（3）砂轮架。用于支承并传动砂轮主轴高速旋转，砂轮架装在滑鞍上，回转角度

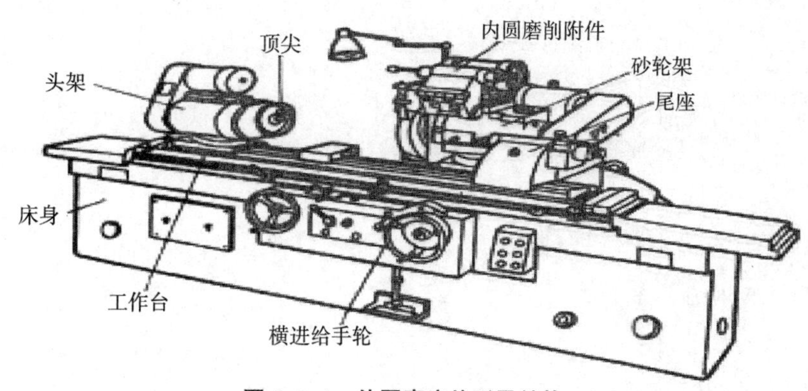

图 5-2-1　外圆磨床外形及结构

为±30°，当需要磨削短圆锥面时，砂轮架可调至一定的角度位置。

（4）内圆磨具。用于支承磨内孔的砂轮主轴。内圆磨具主轴由单独的内圆砂轮电动机驱动。

（5）尾座。尾座上的后顶尖和头架前顶尖一起支承工件。

（6）工作台。它由上工作台和下工作台两部分组成。上工作台可绕下工作台的心轴在水平面内调至某一角度位置，用于磨削锥度较小的长圆锥面。工作台台面上装有头架和尾座，这些部件随着工作台一起，沿床身纵向导轨作纵向往复运动。

（7）滑鞍及横向进给机构。转动横向进给手轮，通过横向进给机构带动滑鞍及砂轮架作横向移动；也可利用液压装置，通过脚操纵板使滑鞍及砂轮架作快速进退或周期性自动切入进给。

2. 电气控制主要要求

KH-M1432A 型外圆磨床电气控制系统中有 5 台电动机，即头架电动机、冷却泵电动机、内圆砂轮电动机、外圆砂轮电动机、油泵电动机。根据工作需要，对 5 台电动机有如下控制要求：

（1）油泵电动机启动后其他电动机才能启动。

（2）头架电动机需点动控制，运行中需变速，采用双速电动机。

（3）内、外圆砂轮电动机不能同时启动。

（4）冷却泵电动机可以单独启动。

（5）所有电动机只需单向运行。

（6）电气线路应有必要的保护环节、安全可靠的照明和信号指示电路。

3. KH-M1432A 型外圆磨床控制线路原理图（见图 5-2-2）

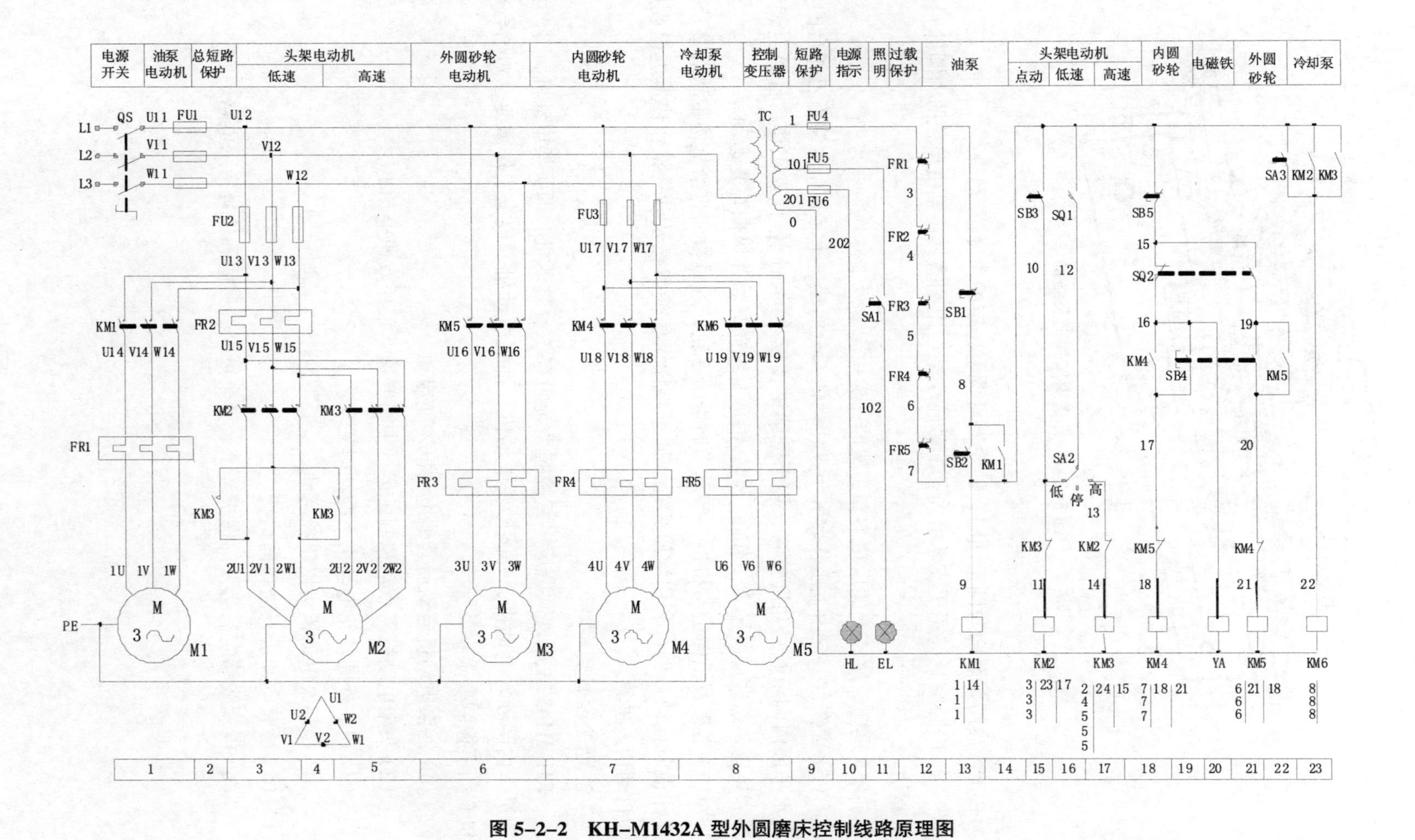

图 5-2-2　KH-M1432A 型外圆磨床控制线路原理图

二、准备工具及材料

1. 准备工具

为完成工作任务，每个工作小组需要向仓库工作人员提供借用工具清单（见表 5-2-1）。

表 5-2-1 借用工具清单

生产单号：________ 领料部门：________ 年 月 日

序号	名称	数量	借出时间	学生签名	归还时间	学生签名	管理员签名	备注

2. 材料的准备

为完成工作任务，每个工作小组需要向仓库工作人员提供借用材料清单（见表 5-2-2）。

表 5-2-2 借用材料清单

生产单号：________ 领料部门：________ 年 月 日

序号	名称	数量	借出时间	学生签名	归还时间	学生签名	管理员签名	备注

三、团队分配的方案

根据学生人数合理分成若干小组，每组指定 1 人为小组长、1 人为安全员、1 人为领料员，其余为员工。组长负责组织本组相关问题的计划、实施及讨论汇总，填写各组员工作任务实施所需要文字材料的相关记录表等，领料员负责材料领取及分发，安全员负责整个学习、工作过程中人员及设备操作中的安全检查和监督。

工作任务指引（见表 5-2-3）

表 5-2-3 任务指引

步骤	任务	要求
1	识读 KH-M1432A 型外圆磨床的电气工作原理	熟悉线路工作原理
2	描述故障现象	准确写出故障现象
3	分析故障范围	准确画出（写出）故障范围
4	确定故障点、排除故障	准确画出（写出）故障点并排除故障
5	自检、互检和试车	试车正确

工作任务记录

1. 分析线路工作原理

（1）在图中分别圈出主电路、控制电路和辅助电路。

（2）电路中的顺序控制，头架电动机的低速、高速转换分别由什么元件实现？

（3）分析线路工作原理。

2. 观察和描述故障现象

3. 分析故障可能原因，确定故障范围

4. 确定故障点及故障排除（见表 5-2-4）

表 5-2-4　测试记录

步骤	测试内容	测试结果	结论和下一步措施

5. 自检、互检和试车（见表 5-2-5）

表 5-2-5　检查记录

故障范围是否正确		检修方法是否正确		是否修复故障	

6. 其他故障分析与练习

工作任务笔记（见表 5-2-6）

表 5-2-6　工作笔记

记录学习过程中的难点、疑问、感悟或想法	
记录学习过程中解决问题的方法、灵感和体会	

工作任务评价（见表 5-2-7）

表 5-2-7　KH-M1432A 型外圆磨床电气故障检修评价

班级： 小组： 姓名：			指导教师： 日　期：				
评价项目	评价标准	评价依据	评价方式			权重（%）	得分小计
			学生自评（20%）	小组互评（30%）	教师评价（50%）		
职业素养	1. 作风严谨、自觉遵章守纪 2. 按时按质完成工作任务 3. 积极主动承担工作任务，勤学好问 4. 人身安全与设备安全 5. 工作岗位 7s 完成情况	1. 出勤 2. 工作态度 3. 劳动纪律 4. 团队协作精神				20	

续表

评价项目	评价标准	评价依据	评价方式			权重(%)	得分小计
			学生自评(20%)	小组互评(30%)	教师评价(50%)		
专业能力	1. 电气原理的分析情况 2. 故障范围的确定情况 3. 故障点的判断情况 4. 故障排除情况 5. 自检、互检及试车情况	1. 操作的准确性和规范性 2. 回答问题的准确性 3. 项目完成情况				70	
创新能力	1. 在任务完成过程中能提出自己的见解或方案 2. 在教学或生产管理上提出的建议具有创新性	1. 方案的可行性 2. 建议的可行性				10	
合计							

工作任务拓展

（1）试画图说明用短接法如何查找故障点。

（2）试用短接法查找、判断 KH-M1432A 型外圆磨床电气故障点。

课后思考与实践

（1）内、外砂轮电动机是如何做到不同时启动和运行的？

（2）在运用电阻测量法查找故障点时，变压器对测量结果是否有影响？试举例说明。

任务三 KH-X62W 万能铣床电气控制线路故障分析与检修

学习目标

（1）能正确识读 KH-X62W 万能铣床电气控制线路的控制过程及工作原理；

（2）继续掌握常用机床维修的检修过程、检修原则、检修思路、常用检修方法；

（3）能描述故障现象，根据故障现象和 KH-X62W 万能铣床电气原理图，分析故障范围，查找故障点，能够熟练运用常用的故障方法排除故障；

(4) 对学习过程和实训成果进行总结。

建议课时：24 学时。

工作任务情境

某加工厂一台 KH-X62W 型万能铣床出现电气故障，影响生产，厂长要求维修电工进行紧急检修并在 3 小时内恢复正常。

工作任务准备

一、理论知识

铣床是一种用途十分广泛的金属切削机床，其使用范围仅次于车床。铣床可用于加工平面、斜面和沟槽；如果装上分度头，可以铣削直齿齿轮和螺旋面；如果装上圆工作台，还可以加工凸轮和弧形槽等。铣床的种类很多，主要有卧式铣床、立式铣床、龙门铣床、仿形铣床及各种专用铣床等，其中卧式铣床的主轴是水平的，立式铣床的主轴是垂直的。常用的万能铣床有 KH-X62W 型卧式万能铣床。

1. 主要结构及运动特点

KH-X62W 型万能铣床的主要结构如图 5-3-1 所示。床身固定于底座上，用于安装和支承铣床的各部件，在床身内还装有主轴部件、主传动装置及其变速操纵机构等。床身顶部的导轨上装有悬梁，悬梁上装有刀杆支架。铣刀则装在刀杆上，刀杆的一端装在主轴上，另一端装在刀杆支架上。刀杆支架可以在悬梁上水平移动，悬梁又可以在床身顶部的水平导轨上水平移动，因此可以适应各种不同长度的刀杆。床身的前部有垂直导轨，升降台可以沿导轨上下移动，升降台内装有进给运动和快速移动的传动装置及其操纵机构等。在升降台的水平导轨上装有滑座，可以沿导轨作平行于主轴轴线方向的横向移动；工作台又经过回转盘装在滑座的水平导轨上，可以沿导轨作垂直于主轴轴线方向的纵向移动。这样，紧固在工作台上的工件，通过工作台、回转盘、滑座和升降台，可以在相互垂直的三个方向上实现进给或调整运动。在工作台与滑座之间的回转盘还可以使工作台左右转动 45°角，因此工作台在水平面上除了可以做横向和纵向进给外，还可以实现在不同角度的各个方向上的进给，用以铣削螺旋槽。

铣床的主运动和进给运动各由一台电动机拖动，这样铣床的电力拖动系统一般由：主轴电动机、进给电动机和冷却泵电动机三台电动机组成。主轴电动机通过主轴变速箱驱动主轴旋转，并由齿轮变速箱变速，以适应铣削工艺对转速的要求，电动机则不需要调速。由于铣削分为顺铣和逆铣两种加工方式，分别使用顺铣刀和逆铣刀，所以要求主轴电动机能够正反转，但只要求预先选定主轴电动机的转向，在加工过程中则

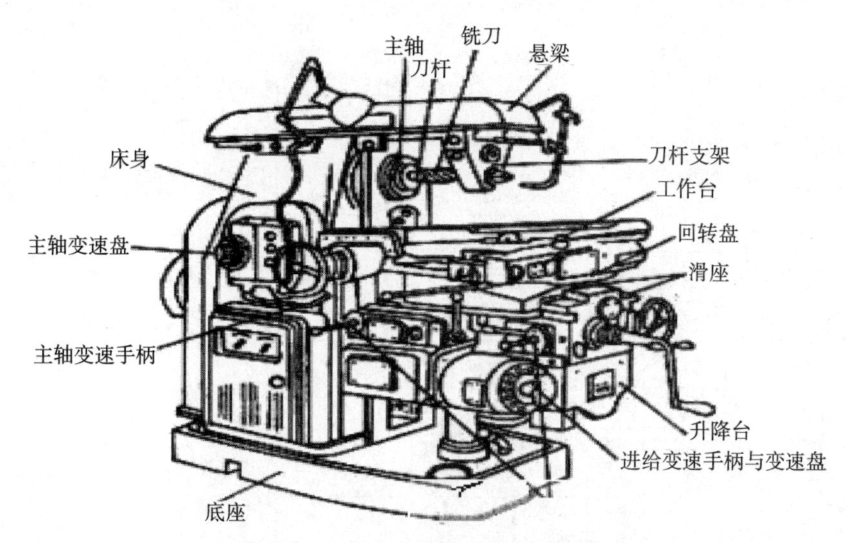

图 5-3-1　KH-X62W 万能铣床结构

不需要主轴反转。又由于铣削是多刃不连续的切削，负载不稳定，所以主轴上装有飞轮，以提高主轴旋转的均匀性，消除铣削加工时产生的振动，这样主轴传动系统的惯性较大，因此还要求主轴电动机在停机时有电气制动。进给电动机作为工作台进给运动及快速移动的动力，也要求能够正反转，以实现三个方向的正反向进给运动；通过进给变速箱，可获得不同的进给速度。为了使主轴和进给传动系统在变速时齿轮能够顺利地啮合，要求主轴电动机和进给电动机在变速时能够稍微转动一下（称为变速冲动）。三台电动机之间还要求有连锁控制，即在主轴电动机启动后另两台电动机才能启动运行。

2. 电气控制要求

（1）铣床由一台笼型异步电动机拖动，直接启动，能够正反转，并设有电气制动环节，能进行变速冲动。

（2）工作台的进给运动和快速移动均由同一台笼型异步电动机拖动，直接启动，能够正反转，也要求有变速冲动环节。

（3）泵电动机只要求单向旋转。

（4）电动机之间有连锁控制，即主轴电动机启动后，才能对其余两台电动机进行控制。

3. KH-X62W 型万能铣床电气原理图（见图 5-3-2）

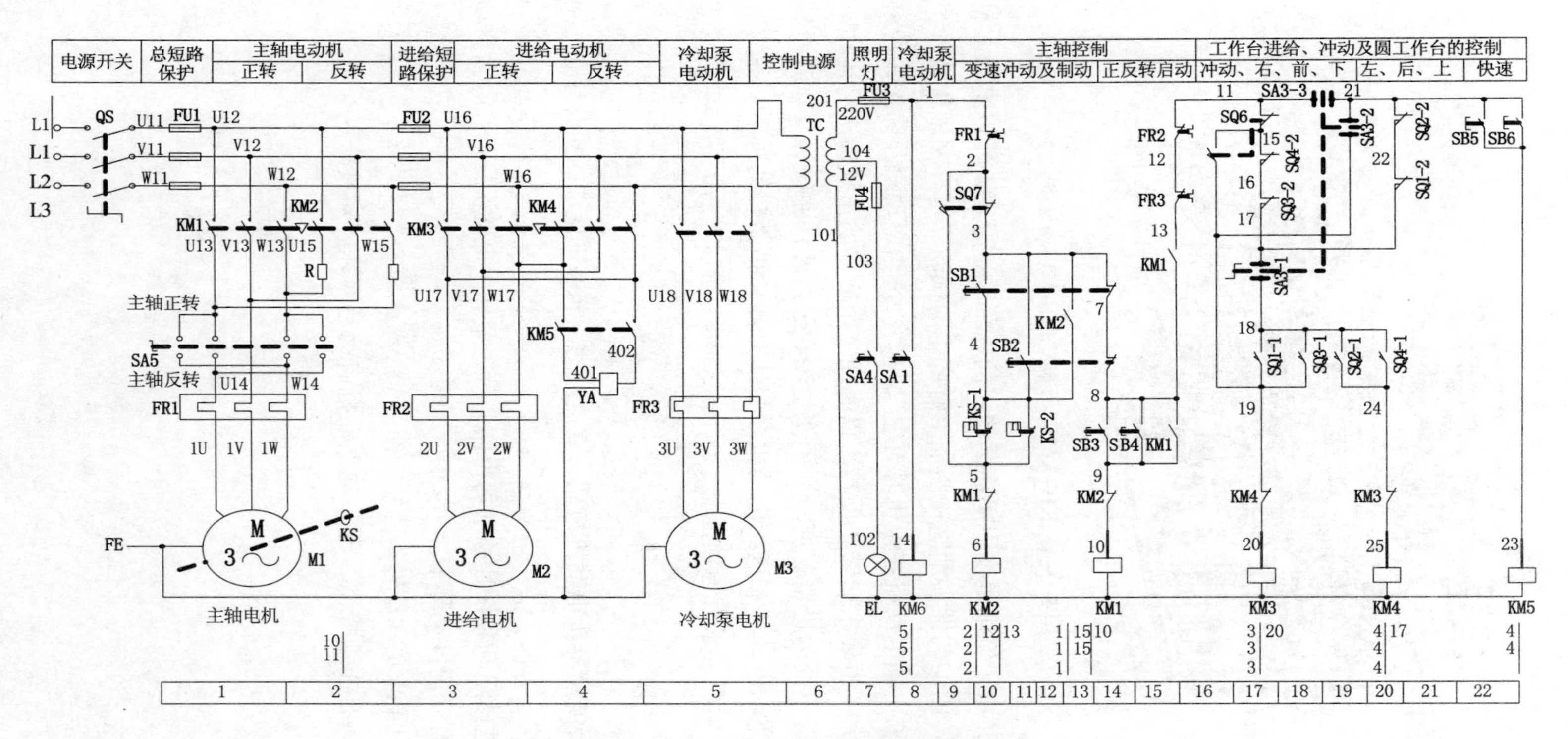

图 5-3-2 KH-X62W 型万能铣床的电气原理图

二、准备工具及材料

1. 准备工具

为完成工作任务，每个工作小组需要向仓库工作人员提供借用工具清单（见表5-3-1）。

表 5-3-1　借用工具清单

生产单号：______________　领料部门：______________　年　月　日

序号	名称	数量	借出时间	学生签名	归还时间	学生签名	管理员签名	备注

2. 材料的准备

为完成工作任务，每个工作小组需要向仓库工作人员提供借用材料清单（见表5-3-2）。

表 5-3-2　借用材料清单

生产单号：______________　领料部门：______________　年　月　日

序号	名称	数量	借出时间	学生签名	归还时间	学生签名	管理员签名	备注

三、团队分配的方案

根据学生人数合理分成若干小组，每组指定1人为小组长、1人为安全员、1人为领料员，其余为员工。组长负责组织本组相关问题的计划、实施及讨论汇总，填写各组员工作任务实施所需要文字材料的相关记录表等，领料员负责材料领取及分发，安全员负责整个学习、工作过程中人员及设备操作中的安全检查和监督。

工作任务指引（见表 5–3–3）

表 5–3–3　任务指引

任务决策或实施方案	识读 KH–X62W 万能铣床工作原理	
1	读主电路	主电路相关信息
2	读控制电路	逐台叙述电机工作原理
3	KH–X62W 万能铣床故障检修训练	
4	故障分析与检修练习	故障现象的调查研究、现象分析、检测及故障点确认

工作任务记录

1. 识图练习（见表 5–3–4）

表 5–3–4　识读 KH–X62W 万能铣床工作原理

识读 KH—X62W 万能铣床工作原理——主电路			
1	电机台数		
2	M1 实现控制		
	M2 实现控制		
	M3 实现控制		
3	控制 M1 的电气元件		
	控制 M2 的电气元件		
	控制 M3 的电气元件		
识读 KH–X62W 万能铣床工作原理——控制电路			
首先了解 SA3 触头的动作情况	三对触头		（1）掷“0”位置时，三对均断； （2）掷“1”位置时，SA3–1、SA3 通，SA3–2 断，为“非圆工作台”； （3）掷“2”位置时，SA3–2 通，SA3–1、SA3–2 断，为“圆工作台”
主轴电机控制	正转控制	控制元件	控制回路： 控制过程：
	反转控制	控制元件	控制回路： 控制过程：
	停止	控制元件	控制回路： 控制过程：
进给电机控制	圆工作台状态 SA3 掷“2”位置	控制元件	控制回路： 控制过程：
	非圆工作台状态 SA3 掷“1”位置	控制元件	控制回路： 控制过程：

续表

<table>
<tr><td rowspan="2">冷却泵控制</td><td>启动</td><td>控制元件</td><td>控制回路：
控制过程：</td></tr>
<tr><td>停止（反接制动）</td><td>控制元件</td><td>控制回路：
控制过程：</td></tr>
</table>

2. 故障检修训练（见表 5-3-5）

表 5-3-5　KH-X62W 万能铣床故障检修训练

<table>
<tr><td rowspan="7">故障现象的调查研究</td><td rowspan="3">主轴电机故障</td><td>正转控制故障</td><td>故障现象：
1.
2.
3.</td></tr>
<tr><td>反转控制故障</td><td>故障现象：
1.
2.
3.</td></tr>
<tr><td>反接制动故障</td><td>故障现象：
1.
2.
3.</td></tr>
<tr><td rowspan="2">进给电机故障</td><td>圆工作台状态故障</td><td>故障现象：
1.
2.
3.</td></tr>
<tr><td>非圆工作台状态故障</td><td>故障现象：
1.
2.
3.</td></tr>
<tr><td rowspan="2">冷却泵故障</td><td>启动故障</td><td>故障现象：</td></tr>
<tr><td>停止故障</td><td>故障现象：</td></tr>
<tr><td rowspan="3">故障现象分析</td><td rowspan="3">主轴电机</td><td>正转故障现象：
1.
2.
3.
……</td><td>故障范围：
1.
2.
3.
……</td></tr>
<tr><td>反转故障现象：
1.
2.
3.
……</td><td>故障范围：
1.
2.
3.
……</td></tr>
<tr><td>停止故障现象：
1.
2.
3.
……</td><td>故障范围：
1.
2.
3.
……</td></tr>
</table>

续表

故障现象分析	进给电机	圆工作台状态故障现象： 1. 2. 3.	故障范围： 1. 2. 3.
	非圆工作台状态掷“1”位置	非圆工作台状态故障现象： 1. 2. 3. ……	故障范围： 1. 2. 3. ……
	冷却泵电机	启动故障现象： 1. 2. 3. ……	故障范围： 1. 2. 3. ……
		停止故障现象： 1. 2. 3. ……	故障范围： 1. 2. 3. ……
故障检测 用电压测量法、电阻测量法、短接法等进行检测	主轴电机故障	正转故障现象： 1. 2. 3. ……	故障点准确位置： 1. 2. 3. ……
		反转故障现象： 1. 2. 3. ……	故障点准确位置： 1. 2. 3. ……
		停止故障现象： 1. 2. 3. ……	故障点准确位置： 1. 2. 3. ……
	进给电机故障	圆工作台状态故障现象： 1. 2. 3. ……	故障点准确位置： 1. 2. 3. ……
		非圆工作台状态故障现象： 1. 2. 3. ……	故障点准确位置： 1. 2. 3. ……

续表

故障检测 用电压测量法、电阻测量法、短接法等进行检测	冷却泵故障	启动故障现象： 1. 2. 3. ……	故障点准确位置： 1. 2. 3. ……
		停止故障现象： 1. 2. 3.	故障点准确位置： 1. 2. 3.

工作任务笔记（见表 5-3-6）

表 5-3-6　工作笔记

记录学习过程中的难点、疑问、感悟或想法	
记录学习过程中解决问题的方法、灵感和体会	

工作任务评价（见表 5-3-7）

表 5-3-7　KH-X62W 万能型铣床电气故障检修评价

班级：________ 小组：________ 姓名：________		指导教师：________ 日　　期：________					
评价项目	评价标准	评价依据	评价方式			权重（%）	得分小计
			学生自评（20%）	小组互评（30%）	教师评价（50%）		
职业素养	1. 作风严谨、自觉遵章守纪 2. 按时按质完成工作任务 3. 积极主动承担工作任务，勤学好问 4. 人身安全与设备安全 5. 工作岗位 7s 完成情况	1. 出勤 2. 工作态度 3. 劳动纪律 4. 团队协作精神				20	
专业能力	1. 电气原理的分析情况 2. 故障范围的确定情况 3. 故障点的判断情况 4. 故障排除情况 5. 自检、互检及试车情况	1. 操作的准确性和规范性 2. 回答问题的准确性 3. 项目完成情况				70	
创新能力	1. 在任务完成过程中能提出自己的见解或方案 2. 在教学或生产管理上提出的建议具有创新性	1. 方案的可行性 2. 建议的可行性				10	
合计							

工作任务拓展

熟悉铣床的主要结构和运动形式，对铣床进行实际操作，了解铣床的各种工作状态及操作手柄的作用。

课后思考与实践

叙述 KH-X62W 万能铣床电气控制线路图的工作原理。

任务四　KH–T68 型卧式镗床电气控制线路故障分析与检修

学习目标

（1）能正确识读 KH–T68 型卧式镗床电气控制线路的控制过程及工作原理；

（2）继续掌握常用机床维修的检修过程、检修原则、检修思路、常用检修方法；

（3）能描述故障现象，根据故障现象和 KH–T68 型卧式镗床电气原理图，分析故障范围，查找故障点，能够熟练运用常用的故障方法排除故障；

（4）对学习过程和实训成果进行总结。

建议课时：24 学时。

工作任务情境

某加工厂有一台型号为 KH–T68 的卧式镗床出现电气故障，影响生产，车间主任要求维修电工进行紧急检修，并在 3 小时内恢复正常。

工作任务情境

叙述 KH–T68 型卧式镗床电气控制线路的工作原理，电气控制线路的故障分析与检修。

工作任务准备

一、理论知识

镗床也是用于孔加工的机床，与钻床比较，镗床主要用于加工精确的孔和各孔间的距离要求较精确的零件，如一些箱体零件（机床主轴箱、变速箱等）。镗床的加工形式主要是用镗刀镗削在工件上已铸出或已粗钻的孔，除此之外，大部分镗床还可以进行铣削、钻孔、扩孔、铰孔等加工。

镗床的主要类型有卧式镗床、坐标镗床、金刚镗床和专用镗床等，其中以卧式镗床应用最广，KH–X62W 万能铣床结构如图 5–4–1 所示。

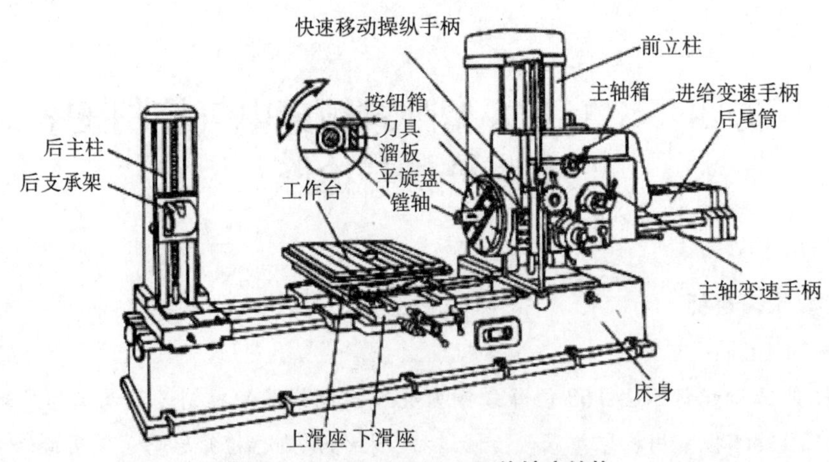

图 5-4-1 KH—X62W 万能铣床结构

1. 卧式镗床的主要结构

卧式镗床的前立柱固定安装在床身的右端，在它的垂直导轨上装有可上下移动的主轴箱。主轴箱中装有主轴部件、主运动和进给运动的变速传动机构和操纵机构等。在主轴箱的后部固定着后尾筒，里面装有镗轴的轴向进给机构。后立柱固定在床身的左端，装在后立柱垂直导轨上的后支承架用于支承长镗杆的悬伸端，后支承架可沿垂直导轨与主轴箱同步升降，后立柱可沿床身的水平导轨左右移动，在不需要时也可以卸下。工件固定在工作台上，工作台部件装在床身的导轨上，由下滑座、上滑座和工作台三部分组成，下滑座可沿床身的水平导轨作纵向移动，上滑座可沿下滑座的导轨作横向移动，工作台则可在上滑座的环形导轨上绕垂直轴线转位，使工件在水平面内调整至一定的角度位置，以便能在一次安装中对互相平行或成一定角度的孔与平面进行加工。根据加工情况不同，刀具可以装在镗轴前端的锥孔中，或装在平旋盘（又称“花盘”）与径向刀具溜板上。加工时，镗轴旋转完成主运动，并且可以沿其轴线移动作轴向进给运动；平旋盘只能随镗轴旋转作主运动；装在平旋盘导轨上的径向刀具溜板除了随平旋盘一起旋转外，还可以沿着导轨移动作径向进给运动。

2. 卧式镗床的运动形式

主运动：镗轴和平旋盘的旋转运动。

进给运动包括：

（1）镗轴的轴向进给运动。

（2）平旋盘上刀具溜板的径向进给运动。

（3）主轴箱的垂直进给运动。

（4）工作台的纵向和横向进给运动。

辅助运动包括：

（1）主轴箱、工作台等的进给运动上的快速调位移动。

（2）后立柱的纵向调位移动。

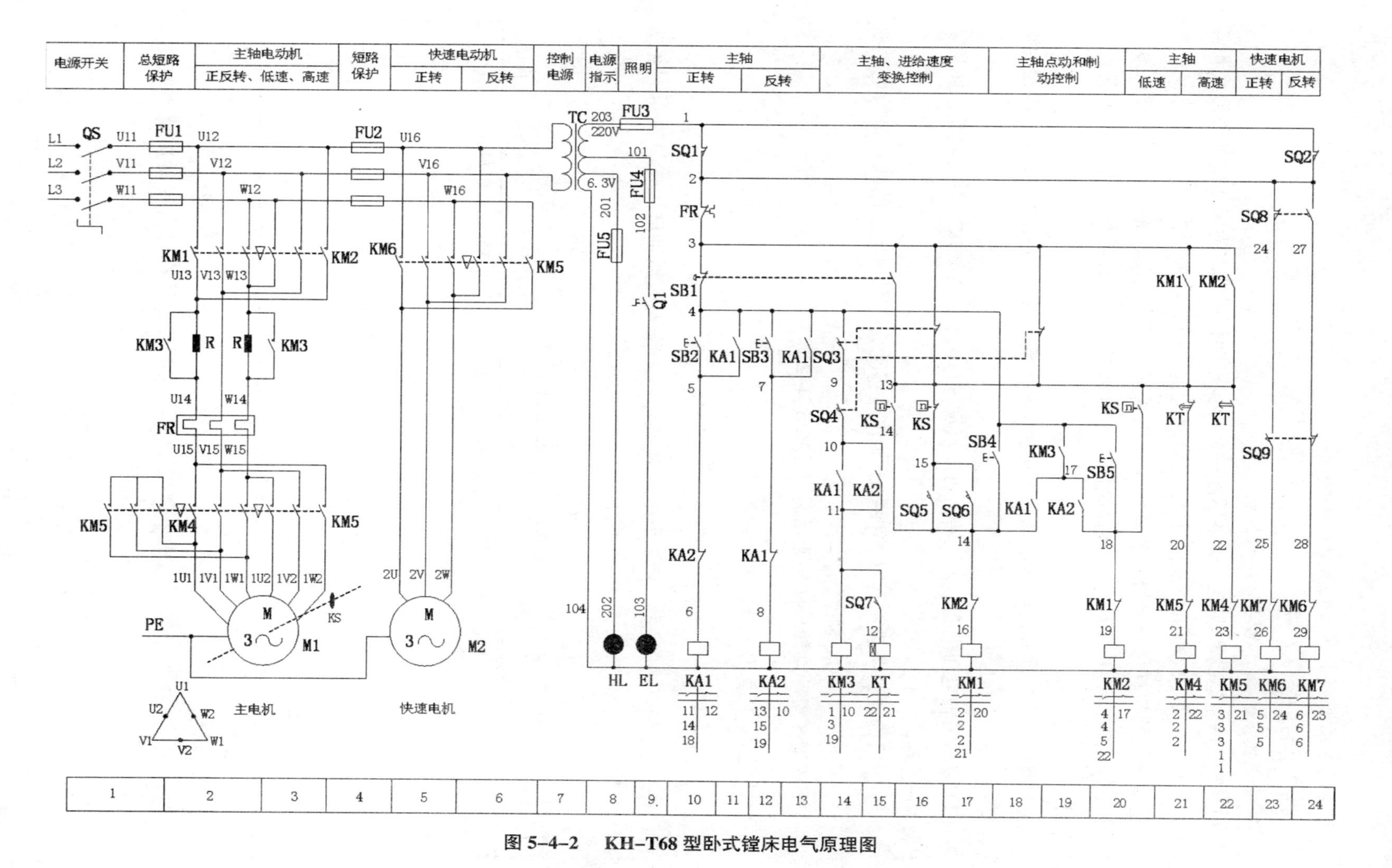

图 5-4-2　KH-T68 型卧式镗床电气原理图

（3）后支承架与主轴箱的垂直调位移动。

（4）工作台的转位运动。

3. 卧式镗床的电力拖动形式和控制要求

（1）镗床的主运动和进给运动多用同一台异步电动机拖动。为了适应各种形式和各种工件的加工，要求镗床的主轴有较宽的调速范围，因此多采用由双速或三速笼型异步电动机拖动的滑移齿轮有级变速系统。采用双速或三速电动机拖动，可简化机械变速机构。目前，采用电力电子器件控制的异步电动机无级调速系统已在镗床上获得广泛应用。

（2）镗床的主运动和进给运动都采用机械滑移齿轮变速，为有利于变速后齿轮的啮合，要求有变速冲动。

（3）要求主轴电动机能够正反转，可以点动进行调整，并要求有电气制动，通常采用反接制动。

（4）卧式镗床的各进给运动部件要求能快速移动，一般由单独的快速进给电动机拖动。

4. KH–T68 型卧式镗床电气原理图（见图 5–4–2）

二、准备工具及材料

1. 准备工具

为完成工作任务，每个工作小组需要向仓库工作人员提供借用工具清单（见表 5–4–1）。

表 5–4–1　借用工具清单

生产单号：＿＿＿＿＿＿　领料部门：＿＿＿＿＿＿　年　月　日

序号	名称	数量	借出时间	学生签名	归还时间	学生签名	管理员签名	备注

2. 材料的准备

为完成工作任务，每个工作小组需要向仓库工作人员提供借用材料清单（见表 5–4–2）。

表 5-4-2 借用材料清单

生产单号：______________ 领料部门：______________ 年 月 日

序号	名称	数量	借出时间	学生签名	归还时间	学生签名	管理员签名	备注

三、团队分配的方案

根据学生人数合理分成若干小组，每组指定 1 人为小组长、1 人为安全员、1 人为领料员，其余为员工。组长负责组织本组相关问题的计划、实施及讨论汇总，填写各组员工作任务实施所需要文字材料的相关记录表等，领料员负责材料领取及分发，安全员负责整个学习、工作过程中人员及设备操作中的安全检查和监督。

工作任务指引（见表 5-4-3）

表 5-4-3 任务指引

任务决策或实施方案	识读 KH-T68 型卧式镗床工作原理	
1	读主电路	主电路相关信息
2	读控制电路	逐台叙述电机工作原理
3	KH-T68 型卧式镗床故障检修训练	
4	故障分析与检修练习	故障现象的调查研究、分析、检测及故障点确认

工作任务记录

1. 识图练习（见表 5-4-4）

表 5-4-4 识读 KH-T68 型卧式镗床工作原理

识读 KH-T68 型卧式镗床工作原理——主电路		
1	电机台数	
2	M1 实现控制	
	M2 实现控制	
3	控制 M1 的电气元件	
	控制 M2 的电气元件	
4	识读 KH-T68 型卧式镗床工作原理——控制电路	

续表

识读 KH–T68 型卧式镗床工作原理——主电路			
主轴电机控制	点动正转控制	控制元件	控制回路： 控制过程：
	点动反转控制	控制元件	控制回路： 控制过程：
	连续正转控制	控制元件	控制回路： 控制过程：
	连续反转控制	控制元件	控制回路： 控制过程：
	停止（反接制动）	控制元件	控制回路： 控制过程：
快速电机控制	正转控制	控制元件	控制回路： 控制过程：
	反转控制	控制元件	控制回路： 控制过程：

2. 故障检修训练（见表 5–4–5）

表 5–4–5　KH–T68 型卧式镗床故障检修训练

故障现象的调查研究	主轴电机故障	点动正转控制故障	故障现象： 1. 2. 3. ……
		点动反转控制故障	故障现象： 1. 2. 3. ……
		连续正转控制故障	故障现象： 1. 2. 3. ……
		连续反转控制故障	故障现象： 1. 2. 3. ……
		停止（反接制动）故障	故障现象： 1. 2. 3. ……
	快速电机故障	正转控制故障	故障现象： 1. 2. 3. ……

续表

<table>
<tr><td>故障现象的调查研究</td><td>快速电机故障</td><td>反转控制故障</td><td>故障现象：
1.
2.
3.
......</td></tr>
<tr><td rowspan="8">故障现象分析</td><td rowspan="5">主轴电机</td><td>点动控制故障现象：
1.
2.
3.
......</td><td>故障范围：
1.
2.
3.
......</td></tr>
<tr><td>点动反转控制故障现象：
1.
2.
3.
......</td><td>故障范围：
1.
2.
3.
......</td></tr>
<tr><td>连续正转故障现象：
1.
2.
3.
......</td><td>故障范围：
1.
2.
3.
......</td></tr>
<tr><td>连续反转控制故障现象：
1.
2.
3.
......</td><td>故障范围：
1.
2.
3.
......</td></tr>
<tr><td>停止（反接制动）故障现象：
1.
2.
3.
......</td><td>故障范围：
1.
2.
3.
......</td></tr>
<tr><td rowspan="3">快速电机</td><td>正转故障现象：
1.
2.
3.
......</td><td>故障范围：
1.
2.
3.
......</td></tr>
<tr><td>反转故障现象：
1.
2.
3.
......</td><td>故障范围：
1.
2.
3.
......</td></tr>
<tr><td>停止故障现象：
1.
2.
3.
......</td><td>故障范围：
1.
2.
3.
......</td></tr>
</table>

续表

<table>
<tr><td rowspan="7">故障检测：
用电压测量法、电阻测量法、短接法等进行检测</td><td rowspan="3">主轴电机故障</td><td>点动控制故障现象：
1.
2.
3.
......</td><td>故障点准确位置：
1.
2.
3.
......</td></tr>
<tr><td>点动反转控制故障现象：
1.
2.
3.
......</td><td>故障点准确位置：
1.
2.
3.
......</td></tr>
<tr><td>连续正转故障现象：
1.
2.
3.
.....</td><td>故障点准确位置：
1.
2.
3.
......</td></tr>
<tr><td rowspan="2">主轴电机故障</td><td>连续反转控制故障现象：
1.
2.
3.
......</td><td>故障点准确位置：
1.
2.
3.
......</td></tr>
<tr><td>停止（反接制动）故障现象：
1.
2.
3.
......</td><td>故障点准确位置：
1.
2.
3.
.....</td></tr>
<tr><td rowspan="2">快速电机故障</td><td>正转故障现象：
1.
2.
3.
......</td><td>故障点准确位置：
1.
2.
3.
......</td></tr>
<tr><td>反转故障现象：
1.
2.
3.
......</td><td>故障点准确位置：
1.
2.
3.
......</td></tr>
</table>

工作任务笔记（见表 5-4-6）

表 5-4-6　任务笔记

记录学习过程中的难点、疑问、感悟或想法	
记录学习过程中解决问题的方法、灵感和体会	

工作任务评价（见表 5-4-7）

表 5-4-7　KH-T68 型卧式镗床电气故障检修评价

<table>
<tr><td colspan="2">班级：________
小组：________
姓名：________</td><td colspan="6">指导教师：________
日　　期：________</td></tr>
<tr><td rowspan="2">评价项目</td><td rowspan="2">评价标准</td><td rowspan="2">评价依据</td><td colspan="3">评价方式</td><td rowspan="2">权重（%）</td><td rowspan="2">得分小计</td></tr>
<tr><td>学生自评（20%）</td><td>小组互评（30%）</td><td>教师评价（50%）</td></tr>
<tr><td>职业素养</td><td>1. 作风严谨、自觉遵章守纪
2. 按时按质完成工作任务
3. 积极主动承担工作任务，勤学好问
4. 人身安全与设备安全
5. 工作岗位 7s 完成情况</td><td>1. 出勤
2. 工作态度
3. 劳动纪律
4. 团队协作精神</td><td></td><td></td><td></td><td>20</td><td></td></tr>
</table>

续表

评价项目	评价标准	评价依据	评价方式			权重（%）	得分小计
			学生自评（20%）	小组互评（30%）	教师评价（50%）		
专业能力	1. 电气原理的分析情况 2. 故障范围的确定情况 3. 故障点的判断情况 4. 故障排除情况 5. 自检、互检及试车情况	1. 操作的准确性和规范性 2. 回答问题的准确性 3. 项目完成情况				70	
创新能力	1. 在任务完成过程中能提出自己的见解或方案 2. 在教学或生产管理上提出的建议具有创新性	1. 方案的可行性 2. 建议的可行性				10	
合计							

工作任务拓展

熟悉镗床的主要结构和运动形式，对镗床进行实际操作，了解镗床的各种工作状态及操作手柄的作用。了解其他生产机械，如剪板机、折弯机等的工作原理。

课后思考与实践

叙述 KH–T68 型卧式镗床电气控制线路图的工作原理。

任务五　KH–20/5t 桥式起重机电气控制线路的故障分析与检修

学习目标

（1）能正确识读 KH–20/5t 桥式起重机电气控制线路的控制过程及工作原理；

（2）继续掌握常用机床维修的检修过程、检修原则、检修思路、常用检修方法；

（3）能描述故障现象，根据故障现象和 KH–20/5t 桥式起重机电气原理图，分析故障范围，查找故障点，能熟练运用常用的故障方法排除故障；

（4）对学习过程和实训成果进行总结。

建议课时：12 学时。

工作任务情境

某加工厂有一台行车在运行中出现电气故障，影响生产，厂长要求维修电工进行紧急检修，并在 3 小时内恢复正常。

工作任务准备

一、理论知识

1. 桥式起重机基本结构和运动形式

桥式起重机经常移动，因此要采用移动的电源线供电，一般采用软电缆供电，软电缆可随大、小车的移动而伸缩，生产车间常用的是 20/5t 桥式起重机，它是一种用来吊起或放下重物并使重物在短距离内水平移动的起重设备，俗称吊车、行车或天车。起重设备按结构分，有桥式、塔式、门式、旋转式和缆索式等多种，不同结构的起重设备分别应用于不同的场合。生产车间内使用的是桥式起重机，常见的有 5t、10t 单钩和 15/3t、20/5t 双钩等。其结构如图 5-5-1 所示。

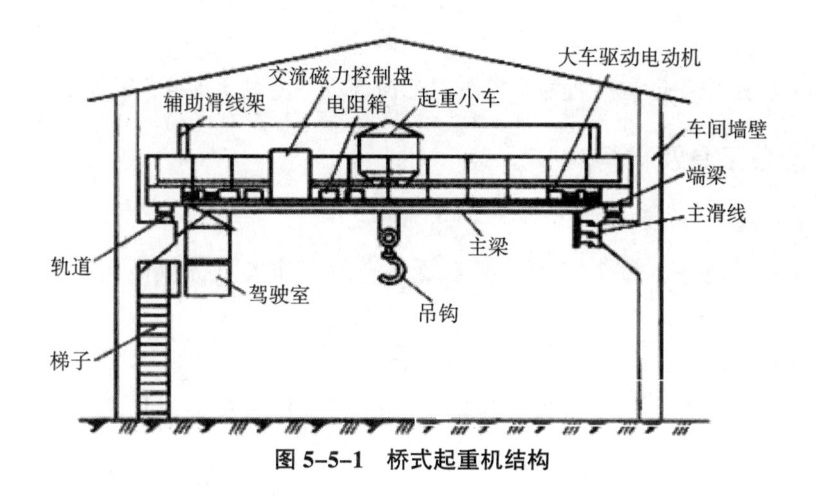

图 5-5-1　桥式起重机结构

其主要运动形式分析如下：

大车的轨道设在沿车间两侧的柱子上，大车可在轨道上沿车间纵向移动；大车上有小轨道，供小车横向移动；主钩和副钩都安装在小车上。交流起重机的电源为 380V，由于起重机工作时是电刷引入起重机驾驶室内的保护控制盘上，三根主触线是沿着平行于大车轨道方向敷设在车间厂房的一侧。提升机构、小车上的电动机和交流电磁制动器的电源是由架设在大车上的辅助滑触线（俗称拖令线）来供给的；转子电阻也是通过辅助滑触线与电动机连接的。滑触线通常用圆钢、角钢、V 形钢或工字钢轨制成。

2. 绕线转子异步电动机结构

绕线式电动机的定子部分与笼型电动机一样，绕线式的转子绕组不像鼠笼式那样是闭合的，它的3个转子绕组通过电刷结构引到外部的接线端子，这样使用时，在外部的电阻与转子绕组串联，以提高启动转矩或者加以调速等。绕线式电机一般用于启重和吊装电机，如大型码头、传送带等。如图 5-5-2 所示。

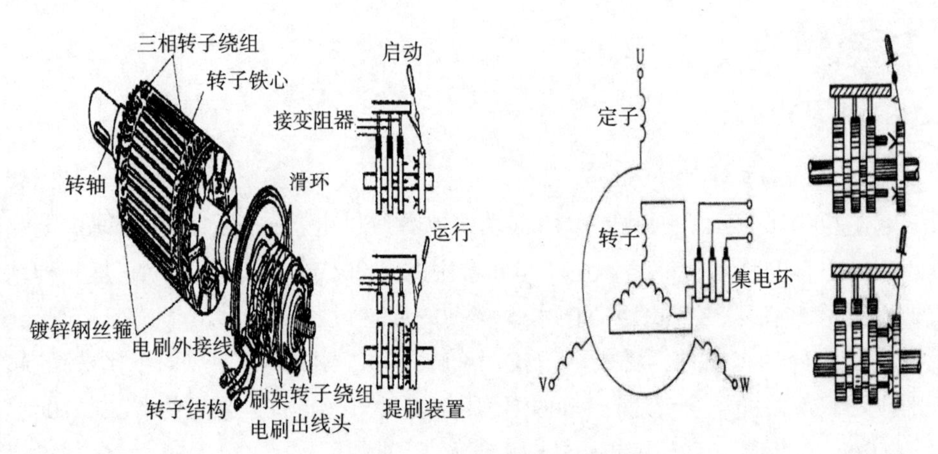

图 5-5-2　绕线式电动机结构

3. KH-20/5t 桥式起重机电气原理图（见图 5-5-3、图 5-5-4、图 5-5-5）

二、准备工具及材料

1. 准备工具

为完成工作任务，每个工作小组需要向仓库工作人员提供借用工具清单（见表 5-5-1）。

2. 材料的准备

为完成工作任务，每个工作小组需要向仓库工作人员提供借用材料清单（见表 5-5-2）。

三、团队分配的方案

根据学生人数合理分成若干小组，每组指定 1 人为小组长、1 人为安全员、1 人为领料员，其余为员工。组长负责组织本组相关问题的计划、实施及讨论汇总，填写各组员工作任务实施所需要文字材料的相关记录表等，领料员负责材料领取及分发，安全员负责整个学习、工作过程中人员及设备操作中的安全检查和监督。

Q1（副钩控制）、Q2（小车控制）

Q1 Q2	向后、向下					零位	向前、向上				
	5	4	3	2	1	0	1	2	3	4	5
1							+	+	+	+	+
2	+	+	+	+	+						
3							+	+	+	+	+
4	+	+	+	+	+						
5	+	+	+	+				+	+	+	+
6	+	+	+						+	+	+
7	+	+								+	+
8	+										+
9	+										+
10						+	+	+	+	+	+
11	+	+	+	+	+	+					
12						+					

Q3（大车控制）

Q3	向右					零位	向左				
	5	4	3	2	1	0	1	2	3	4	5
1							+	+	+	+	+
2	+	+	+	+	+						
3							+	+	+	+	+
4	+	+	+	+	+						
5	+	+	+	+				+	+	+	+
6	+	+	+						+	+	+
7	+	+								+	+
8	+										+
9	+										+
10	+	+	+	+				+	+	+	+
11	+	+	+						+	+	+
12	+	+								+	+
13	+										+
14	+										+
15						+	+	+	+	+	+
16	+	+	+	+	+	+					
17						+					

SA（主钩控制）

SA		下降						零位	上升				
		强力			制动				加速——→				
		5	4	3	2	1	C	0	1	2	3	4	5
1	KV							+					
2		+	+	+									
3					+	+	+		+	+	+	+	+
4	KM_B	+	+	+	+	+			+	+	+	+	+
5	KM_D	+	+	+									
6	KM_U				+	+	+		+	+	+	+	+
7	KM1	+	+	+		+	+		+	+	+	+	+
8	KM2	+	+	+			+			+	+	+	+
9	KM3	+	+								+	+	+
10	KM4	+										+	+
11	KM5	+											+

图 5-5-3　KH-20/5t 桥式起重机凸轮控制器、主令控制器触头状态

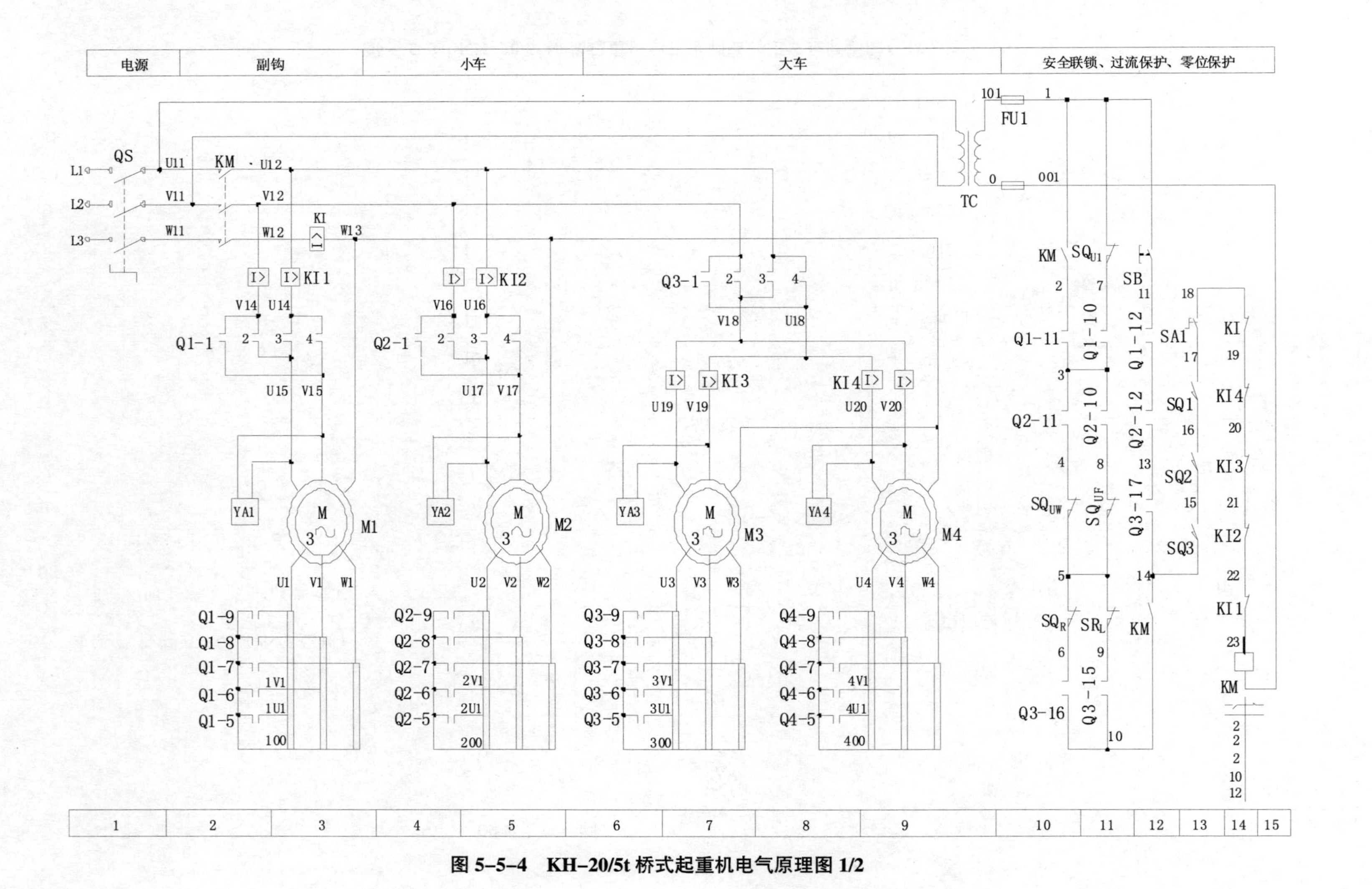

图 5-5-4 KH-20/5t 桥式起重机电气原理图 1/2

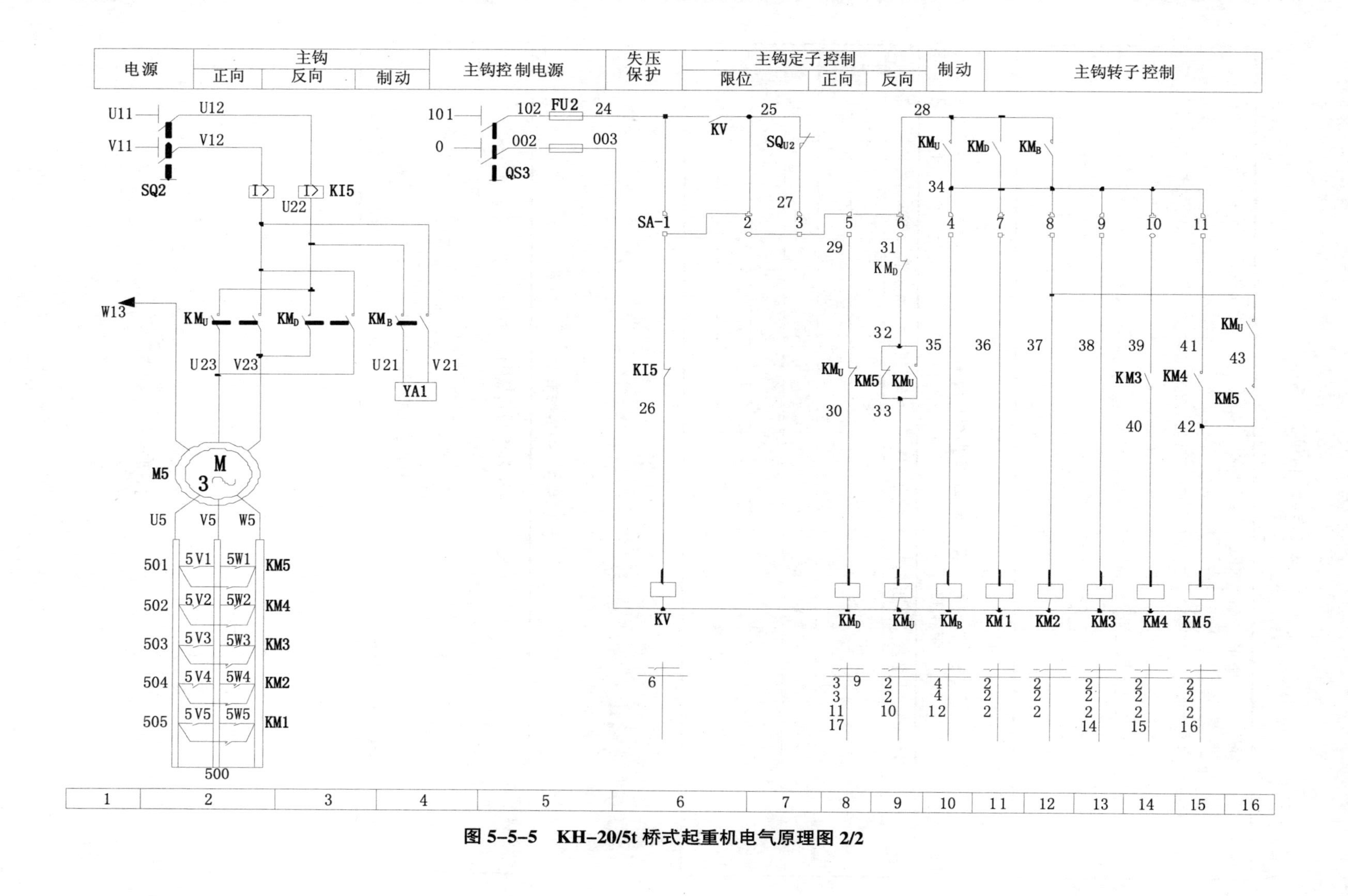

图 5-5-5　KH-20/5t 桥式起重机电气原理图 2/2

表 5-5-1　借用工具清单

生产单号：＿＿＿＿＿＿　领料部门：＿＿＿＿＿＿　　　　年　　月　　日

序号	名称	数量	借出时间	学生签名	归还时间	学生签名	管理员签名	备注

表 5-5-2　借用材料清单

生产单号：＿＿＿＿＿＿　领料部门：＿＿＿＿＿＿　　　　年　　月　　日

序号	名称	数量	借出时间	学生签名	归还时间	学生签名	管理员签名	备注

工作任务指引（见表 5-5-3）

表 5-5-3　任务指引

任务决策或实施方案	识读 KH-20/5t 桥式起重机工作原理	
1	读主电路	主电路相关信息
2	读控制电路	逐台叙述电机工作原理
3	20/5t 桥式起重机故障检修训练	
4	故障分析与检修练习	故障现象的调查研究、分析、检测及故障点确认

工作任务记录

1. 识图练习（见表 5-5-4）

表 5-5-4　识读 KH-20/5t 桥式起重机工作原理

识读 KH-20/5t 桥式起重机工作原理——主电路			
步骤 1	电机台数		
2	M1 实现控制		
	M2 实现控制		
	M3 实现控制		
	M4 实现控制		
	M5 实现控制		
3	控制 M1 的电气元件		
	控制 M2 的电气元件		
	控制 M3 的电气元件		
	控制 M4 的电气元件		
	控制 M5 的电气元件		
4	识读 20/5t 桥式起重机工作原理——控制电路		
电源控制	启动	控制元件	控制回路： 控制过程：
	正转	控制元件	控制回路： 控制过程：
	反转	控制元件	控制回路： 控制过程：
小车电机控制	正转控制	控制元件	控制回路： 控制过程：
	反转控制	控制元件	控制回路： 控制过程：
	机械制动控制	控制元件	控制回路： 控制过程：
大车电机控制	正转控制	控制元件：	控制回路： 控制过程：
	反转控制	控制元件：	控制回路： 控制过程：
	机械制动控制	控制元件：	控制回路： 控制过程：

续表

副钩电机控制	正转控制	控制元件：	控制回路： 控制过程：
	反转控制	控制元件：	控制回路： 控制过程：
	机械制动控制	控制元件：	控制回路： 控制过程：
主钩电机控制	正转控制	控制元件：	控制回路： 控制过程：
	反转控制	控制元件：	控制回路： 控制过程：
	机械制动控制	控制元件：	控制回路： 控制过程：

2. 故障检修训练（见表 5–5–5）

表 5–5–5　KH–20/5t 桥式起重机故障检修训练

故障现象的调查研究	电源故障	启动控制故障	故障现象： 1. 2. 3. ......
		正转控制故障	故障现象： 1. 2. 3. ......
		反转控制故障	故障现象： 1. 2. 3. ......
		机械制动控制故障	故障现象： 1. 2. 3. ......
	小车电机控制故障	正转控制故障	故障现象： 1. 2. 3. ......
		反转控制故障	故障现象： 1. 2. 3. ......

续表

故障现象的调查研究	大车电机控制故障	正转控制故障	故障现象： 1. 2. 3. ……
		反转控制故障	故障现象： 1. 2. 3. ……
		机械制动控制故障	故障现象： 1. 2. 3. ……
	副钩电机控制故障	正转控制故障	故障现象： 1. 2. 3. ……
		反转控制故障	故障现象： 1. 2. 3. ……
		机械制动控制故障	故障现象： 1. 2. 3. ……
	主钩电机控制故障	正转控制故障	故障现象： 1. 2. 3. ……
		反转控制故障	故障现象： 1. 2. 3. ……
		机械制动控制故障	故障现象： 1. 2. 3. ……

续表

故障现象分析	电源	启动控制故障现象： 1. 2. 3. ……	故障范围： 1. 2. 3. ……
		正转控制故障现象： 1. 2. 3. ……	故障范围： 1. 2. 3. ……
		反转故障现象： 1. 2. 3. ……	故障范围： 1. 2. 3. ……
		机械制动控制故障现象： 1. 2. 3. ……	故障范围： 1. 2. 3. ……
	小车控制	正转控制故障现象： 1. 2. 3. ……	故障范围： 1. 2. 3. ……
		反转控制故障现象： 1. 2. 3. ……	故障范围： 1. 2. 3. ……
		机械制动控制故障现象： 1. 2. 3. ……	故障范围： 1. 2. 3. ……
	大车控制	正转控制故障现象： 1. 2. 3. ……	故障范围： 1. 2. 3. ……
		反转控制故障现象： 1. 2. 3. ……	故障范围： 1. 2. 3. ……

续表

故障现象分析	大车控制	机械制动控制故障现象： 1. 2. 3.	故障范围： 1. 2. 3. ......
	副钩控制	正转控制故障现象： 1. 2. 3.	故障范围： 1. 2. 3. ......
		反转控制故障现象： 1. 2. 3.	故障范围： 1. 2. 3. ......
		机械制动控制故障现象： 1. 2. 3.	故障范围： 1. 2. 3. ......
	主钩控制	正转控制故障现象： 1. 2. 3.	故障范围： 1. 2. 3. ......
		反转控制故障现象： 1. 2. 3.	故障范围： 1. 2. 3. ......
		机械制动控制故障现象： 1. 2. 3.	故障范围： 1. 2. 3. ......
故障检测： 用电压测量法、电阻测量法、短接法等进行检测	电源故障	启动控制故障现象： 1. 2. 3.	故障点准确位置： 1. 2. 3. ......
		正转控制故障现象： 1. 2. 3.	故障点准确位置： 1. 2. 3. ......
		反转控制故障现象： 1. 2. 3.	故障点准确位置： 1. 2. 3. ......

续表

故障检测： 用电压测量法、电阻测量法、短接法等进行检测	小车电机故障	正转控制故障现象： 1. 2. 3.	故障点准确位置： 1. 2. 3. ......
		反转控制故障现象： 1. 2. 3.	故障点准确位置： 1. 2. 3. ......
		机械制动控制故障现象： 1. 2. 3.	故障点准确位置： 1. 2. 3. ......
	大车电机故障	正转控制故障现象： 1. 2. 3.	故障点准确位置： 1. 2. 3. ......
		反转控制故障现象： 1. 2. 3.	故障点准确位置： 1. 2. 3. ......
		机械制控制故障现象： 1. 2. 3.	故障点准确位置： 1. 2. 3. ......
	副钩电机故障	正转控制故障现象： 1. 2. 3.	故障点准确位置： 1. 2. 3. ......
		反转控制故障现象： 1. 2. 3.	故障点准确位置： 1. 2. 3. ......
		机械制控制故障现象： 1. 2. 3.	故障点准确位置： 1. 2. 3. ......

续表

<table>
<tr><td rowspan="3">故障检测：
用电压测量法、电阻测量法、短接法等进行检测</td><td rowspan="3">主钩电机故障</td><td>正转控制故障现象：
1.
2.
3.</td><td>故障点准确位置：
1.
2.
3.</td></tr>
<tr><td>反转控制故障现象：
1.
2.
3.
……</td><td>故障点准确位置：
1.
2.
3.
.....</td></tr>
<tr><td>机械制控制故障现象：
1.
2.
3.</td><td>故障点准确位置：
1.
2.
3.</td></tr>
</table>

工作任务笔记（见表 5-5-6）

表 5-5-6　工作笔记

记录学习过程中的难点、疑问、感悟或想法	
记录学习过程中解决问题的方法、灵感和体会	

工作任务评价（见表 5-5-7）

表 5-5-7　20/5t 桥式起重机万能型铣床电气故障检修评价

班级：______ 小组：______ 姓名：______		指导教师：______ 日　期：______					
评价项目	评价标准	评价依据	评价方式			权重（%）	得分小计
			学生自评（20%）	小组互评（30%）	教师评价（50%）		
职业素养	1. 作风严谨、自觉遵章守纪 2. 按时按质完成工作任务 3. 积极主动承担工作任务，勤学好问 4. 人身安全与设备安全 5. 工作岗位 7s 完成情况	1. 出勤 2. 工作态度 3. 劳动纪律 4. 团队协作精神				20	
专业能力	1. 电气原理的分析情况 2. 故障范围的确定情况 3. 故障点的判断情况 4. 故障排除情况 5. 自检、互检及试车情况	1. 操作的准确性和规范性 2. 回答问题的准确性 3. 项目完成情况				70	
创新能力	1. 在任务完成过程中能提出自己的见解或方案 2. 在教学或生产管理上提出的建议具有创新性	1. 方案的可行性 2. 建议的可行性				10	
合计							

工作任务拓展

了解车间里行车的工作情况。

课后思考与实践

叙述 KH-20/5t 桥式起重机电气控制线路的工作原理。

项目六　电气线路测绘

任务一　磨床电气线路测绘

学习目标

（1）熟悉电路测绘的基本方法和注意事项；
（2）正确测绘磨床电气线路；
（3）对学习过程和实训成果进行总结。
建议课时：8 学时

工作任务情境

工厂中有 KH-M1432A 磨床电气技能实验装置，根据所提供的装置，通过操作、观察、分析后，绘制出控制电气线路。

工作任务准备

一、理论知识

电气测绘是根据现有的电气电路、机械控制电路和电气装置进行现场测绘，然后经过整理后测绘出的安装接线图和控制原理图。

1. 测绘的步骤

（1）了解机床的基本结构和运动形式。

（2）测量工具和测量仪器等的准备。

（3）通电试车，进一步熟悉机械运动情况。

（4）草图的绘制。草图的绘制原理：先测绘主电路，再测绘控制电路；先测绘输入端，后测绘输出端；先测绘主干线，再依次按节点测绘各支路；先简单后复杂，最后要一个回路一个回路进行校验。

（5）整理测绘草图，画出正规的安装接线图和控制原理图。

2. 测绘的方法

电气图的绘制方法有：

布置图—接线图—原理图法、查对法和综合法。

（1）布置图—接线图—原理图。先绘制布置图，再绘制接线图，最后绘制原理图。这是最常用的电气图绘制法。

（2）查对法。在调查了解的基础上，分析判断产生设备控制电路中采用的基本控制环节，并画出控制草图，然后与实际电路进行查对，不对的地方加以修改，最后绘制出完整的电气原理图。

常用查对法绘制电气图，要求绘制者具备一定的电气原理知识基础。

（3）综合法。根据生产设备中所用电动机的控制要求及各环节的作用，将上述两种方法相结合，进行电气图绘制的方法。如先查对画出草图，再按实物绘制、检查、核对、修改，画出完整的电气原理图。

3. 测绘注意事项

（1）电气测绘前要切断设备或装置电源，尽量做到无电测绘。如果确需带电测绘，要做好防范措施。

（2）要避免大拆大卸，对拆下的线头要做好标记。

（3）两人测绘要由一人指挥，协调一致，防止事故发生。

（4）测绘过程中，如确需开动机床或设备时，要断开执行元件或请熟练的操作工操作，同时要有人监护。对于可能发生的人身或设备事故要有防范措施。

（5）在测绘过程中如果发现有掉线或接错线时，首先做好记录，然后继续测绘，待电路图绘制完成后再作处理。切记不要把掉线随意接在某个元件上，以免发生更大的电气事故。

二、准备工具及材料

1. 准备工具

为完成工作任务，每个工作小组需要向仓库工作人员提供借用工具清单（见表6–1–1）。

表 6–1–1 借用工具清单

生产单号：______________ 领料部门：______________ 年 月 日

序号	名称	数量	借出时间	学生签名	归还时间	学生签名	管理员签名	备注

2. 材料的准备

为完成工作任务，每个工作小组需要向仓库工作人员提供借用材料清单（见表 6–1–2）。

表 6–1–2 借用材料清单

生产单号：______________ 领料部门：______________ 年 月 日

序号	名称	数量	借出时间	学生签名	归还时间	学生签名	管理员签名	备注

三、团队分配的方案

根据学生人数合理分成若干小组，每组指定 1 人为小组长、1 人为安全员、1 人为领料员，其余为员工。组长负责组织本组相关问题的计划、实施及讨论汇总，填写各组员工作任务实施所需要文字材料的相关记录表等，领料员负责材料领取及分发。安全员负责整个学习、工作过程中人员及设备操作中的安全检查和监督。

工作任务指引（见表 6–1–3）

表 6–1–3 任务指引

步 骤	任务实施方案	
1	通过试车了解磨床的运动形式	将操作观察的结果做好记录
2	了解磨床电气控制要求	对控制要求做好记录
3	绘制磨床电器布置图、实物接线图	布置图、接线图
4	绘制磨床电路图	草图
5	回路校验	将校验问题进行改进
6	绘制改进后的磨床原理图	标准原理图

工作任务记录（见表 6-1-4）

表 6-1-4　任务记录

步骤一　通过试车了解磨床的运动形式	
操作观察结果记录	
步骤二　了解磨床电气控制要求	
对控制要求做好记录	
步骤三　绘制磨床电器布置图、实物接线图	
布置图	
接线图	
步骤四　绘制磨床电路图	
草图	

续表

步骤五　回路校验	
将校验问题进行改进	
步骤六　绘制改进后的磨床原理图	
标准原理图	

工作任务笔记（见表 6-1-5）

表 6-1-5　工作笔记

记录学习过程中的难点、疑问、感悟或想法	
记录学习过程中解决问题的方法、灵感和体会	

工作任务评价（见表 6–1–6）

表 6–1–6　磨床电气线路测绘评价

<table>
<tr><td colspan="3">班级：________
小组：________
姓名：________</td><td colspan="5">指导教师：________
日　期：________</td></tr>
<tr><td rowspan="2">评价项目</td><td rowspan="2">评价标准</td><td rowspan="2">评价依据</td><td colspan="3">评价方式</td><td rowspan="2">权重（%）</td><td rowspan="2">得分小计</td></tr>
<tr><td>学生自评（20%）</td><td>小组互评（30%）</td><td>教师评价（50%）</td></tr>
<tr><td>职业素养</td><td>1. 作风严谨、自觉遵章守纪
2. 按时按质完成工作任务
3. 积极主动承担工作任务，勤学好问
4. 人身安全与设备安全
5. 工作岗位 7s 完成情况</td><td>1. 出勤
2. 工作态度
3. 劳动纪律
4. 团队协作精神</td><td></td><td></td><td></td><td>20</td><td></td></tr>
<tr><td>专业能力</td><td>1. 电气布置图绘制情况
2. 电气接线图绘制情况
3. 电气原理图绘制情况</td><td>1. 操作的准确性和规范性
2. 回答问题的准确性
3. 项目完成情况</td><td></td><td></td><td></td><td>70</td><td></td></tr>
<tr><td>创新能力</td><td>1. 在任务完成过程中能提出自己的见解或方案
2. 在教学或生产管理上提出的建议具有创新性</td><td>1. 方案的可行性
2. 建议的可行性</td><td></td><td></td><td></td><td>10</td><td></td></tr>
<tr><td>合计</td><td></td><td></td><td></td><td></td><td></td><td></td><td></td></tr>
</table>

工作任务拓展

电磁铁知识、行程开关的作用及安装要求。

课后思考与实践

双速电机主电路、三速电机主电路的绘制处理，一个接触器需要六对主触头的处理。

任务二　铣床电气线路测绘

学习目标

（1）正确测绘铣床电气线路，掌握机床电气线路的测绘方法；

（2）对学习过程和实训成果进行总结。

建议课时：15 课时。

工作任务情境

实习工厂中有 KH-X62W 万能铣床电气技能实验装置，根据所提供的装置通过操作、观察、分析后绘制出控制电气线路。

工作任务准备

一、准备工具及材料

1. 准备工具

为完成工作任务，每个工作小组需要向仓库工作人员提供借用工具清单（见表 6-2-1）。

表 6-2-1　借用工具清单

生产单号：________　领料部门：________　　年　月　日

序号	名称	数量	借出时间	学生签名	归还时间	学生签名	管理员签名	备注

2. 材料的准备

为完成工作任务，每个工作小组需要向仓库工作人员提供借用材料清单（见表 6-2-2）。

表 6-2-2 借用材料清单

生产单号：______________ 领料部门：______________ 年 月 日

序号	名称	数量	借出时间	学生签名	归还时间	学生签名	管理员签名	备注

二、团队分配的方案

根据学生人数合理分成若干小组，每组指定 1 人为小组长、1 人为安全员、1 人为领料员，其余为员工。组长负责组织本组相关问题的计划、实施及讨论汇总，填写各组员工作任务实施所需要文字材料的相关记录表等，领料员负责材料领取及分发。安全员负责整个学习、工作过程中人员及设备操作中的安全检查和监督。

工作任务指引（见表 6-2-3）

表 6-2-3 任务指引

步 骤	任务实施方案	
1	通过试车了解 KH-X62W 万能铣床的运动形式	将操作观察的结果做好记录
2	了解 KH-X62W 万能铣床电气控制要求	对控制要求做好记录
3	绘制 KH-X62W 铣床电器布置图、实物接线图	布置图、接线图
4	绘制 KH-X62W 万能铣床电路图	草图
5	回路校验	将校验问题进行改进
6	绘制改进后的磨床原理图	标准原理图

工作任务记录（见表 6-2-4）

表 6-2-4　任务记录

步骤一　通过试车了解 KH-X62W 万能铣床的运动形式	
操作观察结果记录	
步骤二　了解 KH-X62W 万能铣床电气控制要求	
对控制要求做好记录	
步骤三　绘制 KH-X62W 万能铣床电器布置图、实物接线图	
布置图	
接线图	
步骤四　绘制 KH-X62W 万能铣床电路图	
草图	
步骤五　回路校验	
将校验问题进行改进	

续表

步骤六　绘制改进后的磨床原理图	
标准原理图	

工作任务笔记（见表 6-2-5）

表 6-2-5　任务笔记

记录学习过程中的难点、疑问、感悟或想法	
记录学习过程中解决问题的方法、灵感和体会	

表 6-2-6　铣床电气线路测绘评价

班级： 小组： 姓名：		指导教师： 日　期：					
评价项目	评价标准	评价依据	评价方式			权重（%）	得分小计
			学生自评（20%）	小组互评（30%）	教师评价（50%）		
职业素养	1. 作风严谨、自觉遵章守纪 2. 按时按质完成工作任务 3. 积极主动承担工作任务，勤学好问 4. 人身安全与设备安全 5. 工作岗位 7s 完成情况	1. 出勤 2. 工作态度 3. 劳动纪律 4. 团队协作精神				20	
专业能力	1. 电气布置图绘制情况 2. 电气接线图绘制情况 3. 电气原理图绘制情况	1. 操作的准确性和规范性 2. 回答问题的准确性 3. 项目完成情况				70	
创新能力	1. 在任务完成过程中能提出自己的见解或方案 2. 在教学或生产管理上提出的建议具有创新性	1. 方案的可行性 2. 建议的可行性				10	
合计							

工作任务拓展

倒顺开关的安装要求，电动机冲动的实现和作用，串电阻反接制动知识。

课后思考与实践

主电路串电阻的应用和电路安装，十字开关的安装与用法。

任务三　镗床电气线路测绘

学习目标

（1）正确测绘镗床电气线路，继续掌握机床电气线路的测绘方法；
（2）对学习过程和实训成果进行总结。
建议课时：15 学时。

工作任务情境

实习工厂中有 KH–T68 卧式镗床电气技能实验装置，根据所提供的装置，通过操作、观察、分析后，绘制出控制电气线路。

工作任务准备

一、准备工具及材料

1. 准备工具

为完成工作任务，每个工作小组需要向仓库工作人员提供借用工具清单（见表 6–3–1）。

表 6–3–1　借用工具清单

生产单号：＿＿＿＿＿＿　领料部门：＿＿＿＿＿＿　　　　年　月　日

序号	名称	数量	借出时间	学生签名	归还时间	学生签名	管理员签名	备注

2. 材料的准备

为完成工作任务，每个工作小组需要向仓库工作人员提供借用材料清单（见表 6–3–2）。

表 6–3–2　借用材料清单

生产单号：＿＿＿＿＿＿　领料部门：＿＿＿＿＿＿　　　　年　月　日

序号	名称	数量	借出时间	学生签名	归还时间	学生签名	管理员签名	备注

二、团队分配的方案

根据学生人数合理分成若干小组，每组指定 1 人为小组长、1 人为安全员、1 人为领料员，其余为员工。组长负责组织本组相关问题的计划、实施及讨论汇总，填写各组员工作任务实施所需要文字材料的相关记录表等，领料员负责材料领取及分发，安全员负责整个学习、工作过程中人员及设备操作中的安全检查和监督。

工作任务指引（见表 6–3–3）

表 6–3–3　任务指引

步　骤	任务实施方案	
1	通过试车了解 KH–T68 卧式镗床的运动形式	将操作观察的结果做好记录
2	了解 KH–T68 卧式镗床电气控制要求	对控制要求做好记录
3	绘制 KH–T68 卧式镗床电器布置图、实物接线图	布置图、接线图
4	绘制解 KH–T68 卧式镗床电路图	草图
5	回路校验	将校验问题进行改进
6	绘制改进后的磨床原理图	标准原理图

工作任务记录（见表 6–3–4）

表 6–3–4　任务记录

步骤一　通过试车了解 KH–T68 卧式镗床的运动形式	
操作观察结果记录	
步骤二　了解 KH–T68 卧式镗床电气控制要求	
对控制要求做好记录	

续表

步骤三　绘制 KH-T68 卧式镗床电器布置图、实物接线图	
布置图	
接线图	
步骤四　绘制 KH-T68 卧式镗床电路图	
草图	
步骤五　回路校验	
将校验问题进行改进	
步骤六　绘制改进后的磨床原理图	
标准原理图	

工作任务笔记（见表 6-3-5）

表 6-3-5　任务笔记

记录学习过程中的难点、疑问、感悟或想法	
记录学习过程中解决问题的方法、灵感和体会	

工作任务评价（见表 6-3-6）

表 6-3-6　镗床电气线路测绘评价

班级：________ 小组：________ 姓名：________		指导教师：________ 日　　期：________					
评价项目	评价标准	评价依据	评价方式			权重（%）	得分小计
			学生自评（20%）	小组互评（30%）	教师评价（50%）		
职业素养	1. 作风严谨、自觉遵章守纪 2. 按时按质完成工作任务 3. 积极主动承担工作任务，勤学好问 4. 人身安全与设备安全 5. 工作岗位 7s 完成情况	1. 出勤 2. 工作态度 3. 劳动纪律 4. 团队协作精神				20	

续表

评价项目	评价标准	评价依据	评价方式			权重（%）	得分小计
			学生自评（20%）	小组互评（30%）	教师评价（50%）		
专业能力	1. 电气布置图绘制情况 2. 电气接线图绘制情况 3. 电气原理图绘制情况	1. 操作的准确性和规范性 2. 回答问题的准确性 3. 项目完成情况				70	
创新能力	1. 在任务完成过程中能提出自己的见解或方案 2. 在教学或生产管理上提出的建议具有创新性	1. 方案的可行性 2. 建议的可行性				10	
合计							

工作任务拓展

时间继电器及安装测绘要领，电动机冲动的实现和作用，串电阻反接制动知识。

课后思考与实践

为什么电动控制、缓慢运行控制需要串入电阻？

项目七　PLC 控制的电气控制电路设计、安装与调试

任务一　星—三角降压启动能耗制动控制电路 PLC 改造

学习目标

(1) 学习继电控制电路设计方法；

(2) 通过星—三角降压启动能耗制动控制电路 PLC 改造，掌握对传统继电控制电路进行 PLC 改造的方法；

(3) 对学习过程和实训成果进行总结。

建议课时：10 学时。

工作任务情境

某工厂有传统继电控制的星—三角降压启动能耗制动控制电路，要求对其进行 PLC 改造。

工作任务准备

一、理论知识

(1) PLC 硬件基础、基本指令以及梯形图编程。

(2) PLC 控制系统设计方法（直接设计法）。

星—三角降压启动能耗制动控制参考电路如图 7-1-1 所示。

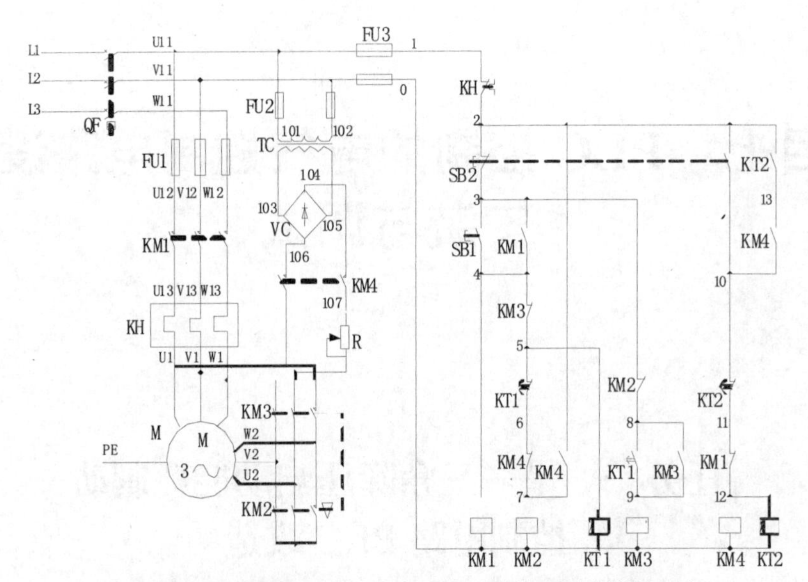

图 7-1-1 继电器控制星—三角降压启动能耗制动控制电路

根据控制要求，利用各种继电接触控制的典型控制环节和基本控制电路，或依靠经验设计满足电气控制要求的 PLC 控制程序，称为直接设计法。直接设计法又可以分为根据电气控制线路设计控制程序和根据控制要求设计控制程序两种方法。本任务因已知继电控制电路，可以采用前一种方法进行设计，基本设计步骤如下：

(1) 根据电气控制线路，定义 PLC 的输入和输出点（I/O 点分配），画出 PLC 外部接线图。

(2) 定义电气控制线路图定时器、计数器、中间继电器对应的定时器、计数器、辅助继电器等软元件。

(3) 将电气控制线路转译为梯形图草图。

(4) 根据梯形图编程原则修改梯形图草图：输出线圈右边的触点左移，垂直母线的触点移入其下各分支或使用主控指令，与线圈并联的触点变换、转移到线圈前。

(5) 完善梯形图，包括：使用现场信号的逻辑组合；使用辅助继电器；使用定时器、计数器；应用必要互锁条件；应用功能指令；应用保护条件等。

二、准备工具及材料

1. 准备工具

为完成工作任务，每个工作小组需要向仓库工作人员提供借用工具清单（见表 7-1-1）。

表 7-1-1　借用工具清单

生产单号：＿＿＿＿＿＿＿　领料部门：＿＿＿＿＿＿＿　　　　年　　月　　日

序号	名称	数量	借出时间	学生签名	归还时间	学生签名	管理员签名	备注

2. 材料的准备

为完成工作任务，每个工作小组需要向仓库工作人员提供借用材料清单（见表 7-1-2）。

表 7-1-2　借用材料清单

生产单号：＿＿＿＿＿＿＿　领料部门：＿＿＿＿＿＿＿　　　　年　　月　　日

序号	名称	数量	借出时间	学生签名	归还时间	学生签名	管理员签名	备注

三、团队分配的方案

根据学生人数合理分成若干小组，每组指定 1 人为小组长、1 人为安全员、1 人为领料员，其余为员工。组长负责组织本组相关问题的计划、实施及讨论汇总，填写各组员工作任务实施所需要文字材料的相关记录表等，领料员负责材料领取及分发，安全员负责整个学习、工作过程中人员及设备操作中的安全检查和监督。

工作任务指引（见表 7-1-3）

表 7-1-3　任务指引

任务决策或实施方案	本任务采用直接设计法改造电路，在 PLC 实训设备上进行任务模拟调试和运行	
1	分析继电控制电路，进行 PLCI/O 点分配	分析系统输入/输出信号个数，选择 PLC，进行 I/O 分配
2	定义需要使用到的 PLC 内部软元件	各元件作用、确定定时器参数
3	将电气控制线路转译为梯形图草图	梯形图

续表

任务决策或实施方案	本任务采用直接设计法改造电路，在 PLC 实训设备上进行任务模拟调试和运行	
4	修改完善梯形图	优化梯形图
5	绘制 PLC 系统电气控制原理图	按国标要求绘制完整的电气控制原理图，设计合理
6	安装接线，进行程序调试	进行电路连接，下载调试程序，遵守相关安全操作规程
7	实训报告	调试程序使之满足控制要求，并根据上述步骤形成本任务的实训报告

工作任务记录

(1) 在本任务中，对已知继电控制电路进行 PLC 改造，设计 PLC 控制程序，采用________设计法比较合适。

(2) 本任务中的时间继电器 KT2 的作用是__________，你给它定义的内部软件为______，参数是________。

(3) 本电路中，电机能耗制动时，接通 KM2 的作用是__________。

工作任务笔记（见表 7-1-4）

表 7-1-4　任务笔记

记录学习过程中的难点、疑问、感悟或想法	
记录学习过程中解决问题的方法、灵感和体会	

工作任务评价（见表 7-1-5）

表 7-1-5 星—三角降压启动能耗制动控制电路 PLC 改造评价

班级：________ 小组：________ 姓名：________		指导教师：________ 日　　期：________					
评价项目	评价标准	评价依据	评价方式			权重（%）	得分小计
			学生自评（20%）	小组互评（30%）	教师评价（50%）		
职业素养	1. 作风严谨、自觉遵章守纪 2. 按时按质完成工作任务 3. 积极主动承担工作任务，勤学好问 4. 人身安全与设备安全 5. 工作岗位 7s 完成情况	1. 出勤 2. 工作态度 3. 劳动纪律 4. 团队协作精神				20	
专业能力	1. I/O 点分配情况 2. 外部接线图绘制情况 3. 梯形图绘制情况 4. 安装接线情况 5. 自检、互检及试车情况	1. 操作的准确性和规范性 2. 回答问题的准确性 3. 项目完成情况				70	
创新能力	1. 在任务完成过程中能提出自己的见解或方案 2. 在教学或生产管理上提出的建议具有创新性	1. 方案的可行性 2. 建议的可行性				10	
合计							

工作任务拓展

请在学习过的内容中找到其他的降压启动和制动线路，将其进行 PLC 改造。要求：

（1）画出输入/输出分配表。

（2）画出 PLC 接线图。

（3）编写 PLC 控制程序。

课后思考与实践

请在课后思考和完成电动机双向星—三角降压启动能耗制动改造。其电路图如图 7-1-2 所示。

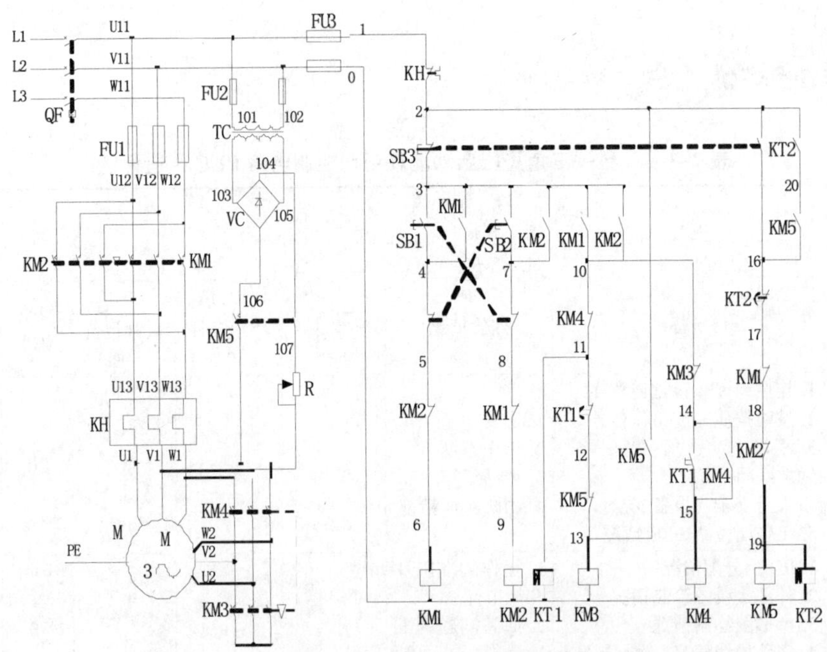

图 7-1-2　双向星—三角降压启动能耗制动控制电路

任务二　三台电动机顺序启动、逆序停止的继电控制电路设计及其 PLC 改造

学习目标

（1）学习继电控制电路设计方法；

（2）通过三台电动机顺序启动、逆序停止的继电控制电路的 PLC 改造，掌握对传统继电控制电路进行 PLC 改造的方法；

（3）对学习过程和实训成果进行总结。

建议课时：10 学时。

工作任务情境

某实训基地要求设计一个系统控制三台电机顺序启动、逆序停止的继电控制电路，并要求在传统继电控制电路设计基础上，实现电路的 PLC 改造。

工作任务准备

一、理论知识

1. 继电控制线路设计的基本原则

由于电气控制线路是为整个机械设备和工艺过程服务的，所以在设计前要深入现场收集相关资料，进行必要的调查研究。电气控制线路的设计应遵循的基本原则是：

（1）应最大限度地满足机械设备对电气控制线路的控制要求和保护要求。

（2）在满足生产工艺要求的前提下，应力求使控制线路简单、经济、合理。

（3）保证控制的可靠性和安全性。

（4）操作和维修方便。

2. 继电控制线路设计的方法和步骤

设计电气控制线路多采用经验设计法。所谓经验设计法就是根据生产机械的工艺要求选择适当的基本控制线路，再把它们综合地组合在一起。设计方法和步骤说明如下：

（1）选择基本控制线路。根据所需控制要求，对比我们学过的基本继电控制电路，找类似或比较接近的一个或几个，并进行有机地组合，设计画出控制线路草图。

（2）修改完善线路。对照控制要求所需的具体控制功能，检查所设计的控制电路，是否完全实现所需的动作要求，对电路进行修改和完善，使之完全实现控制功能。

（3）校核完成线路。控制线路初步设计完成后，可能还有不合理、不可靠、不安全的地方，应当根据经验和控制要求对线路进行认真仔细的校核，以保证线路的正确性和实用性。视具体情况增加相应的保护电路、照明电路和指示电路等，确保电路完全满足控制要求。

3. 设计线路中应注意的几个问题

（1）尽量缩减电器的数量，采用标准件和尽可能选用相同型号的电器。

（2）尽量缩短连接导线的数量和长度。

（3）正确连接电器的线圈。

（4）正确连接电器的触头。

（5）在满足控制要求的情况下，应尽量减少电器通电的数量。

（6）应尽量避免采用许多电器依次动作才能接通另一个电器的控制线路。

（7）在控制线路中应避免出现寄生回路。

（8）保证控制线路工作可靠和安全。

（9）线路应具有必要的保护环节，保证即使在误操作情况下也不致造成事故。

4. 顺序启动逆序停止控制

多台电机在启动和停止控制中，经常要求电机之间的控制联系，顺序启动和逆序停止是其中比较常见的一种控制要求。顺序启动是指在启动过程中多台电机按照一定顺序来进行启动，前一台电机启动运行以后，后一台电机才能启动的控制形式。该控制形式多用在带传送控制中，如图 7–2–1 所示。

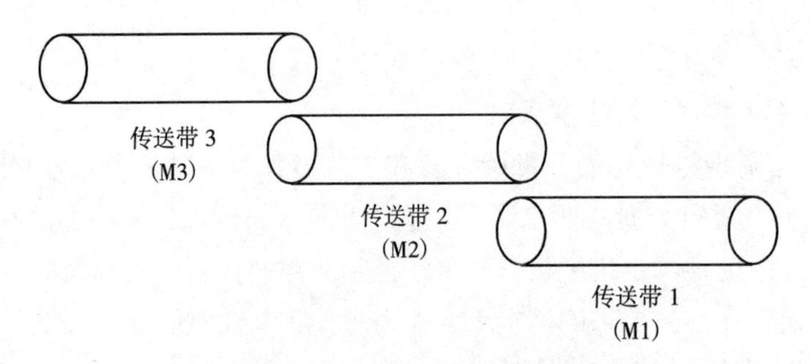

图 7–2–1　顺序启动、逆序停止示意图

控制时，传送带 1（M1）运行以后，传送带 2（M2）才能运行；传送带 2（M2）运行以后，传送带 3（M3）才能启动运行。停止时，传送带 3（M3）停止后，传送带 2（M2）才能停止；传送带 2（M2）停止后，传送带 1（M1）才能停止。这种控制形式称为顺序启动逆序停止。

5. 本任务在完成上述继电控制电路设计后，可参考任务一的电路改造方法，采用直接设计法对电路进行 PLC 改造

二、准备工具及材料

1. 准备工具

为完成工作任务，每个工作小组需要向仓库工作人员提供借用工具清单（见表 7–2–1）。

表 7–2–1　借用工具清单

生产单号：＿＿＿＿＿＿　领料部门：＿＿＿＿＿＿　　　　年　　月　　日

序号	名称	数量	借出时间	学生签名	归还时间	学生签名	管理员签名	备注

2. 材料的准备

为完成工作任务，每个工作小组需要向仓库工作人员提供借用材料清单（见表7-2-2）。

表 7-2-2 借用材料清单

生产单号：______ 领料部门：______ 年 月 日

序号	名称	数量	借出时间	学生签名	归还时间	学生签名	管理员签名	备注

三、团队分配的方案

根据学生人数合理分成若干小组，每组指定1人为小组长、1人为安全员、1人为领料员，其余为员工。组长负责组织本组相关问题的计划、实施及讨论汇总，填写各组员工作任务实施所需要文字材料的相关记录表等，领料员负责材料领取及分发，安全员负责整个学习、工作过程中人员及设备操作中的安全检查和监督。

工作任务指引（见表7-2-3）

表 7-2-3 任务指引

任务决策或实施方案	本任务设计继电控制电路并进行线路安装，然后采用直接设计法改造电路，在PLC实训设备上进行任务模拟调试和运行	
1	分析控制要求，选择基本控制电路	绘制设计草图
2	修改完善、校核电路	完成继电控制电路设计
3	线路安装	进行电路检测
4	直接设计法设计对应的PLC程序	梯形图
5	绘制PLC系统电气控制原理图	按国标要求绘制完整的电气控制原理图，设计合理
6	安装接线，进行程序调试	进行电路连接，下载调试程序，遵守相关安全操作规程
7	实训报告	调试程序使之满足控制要求，并根据上述步骤形成本任务的实训报告

工作任务记录

（1）设计继电控制时，先设计________电路，再设计________电路。

（2）在继电控制线路中，由________完成短路保护，由________完成过载保护，由________完成欠压和失压保护。

（3）PLC 控制改造主要是针对________电路的改造，而________电路不变。

工作任务笔记（见表 7-2-4）

表 7-2-4　任务笔记

记录学习过程中的难点、疑问、感悟或想法	
记录学习过程中解决问题的方法、灵感和体会	

工作任务评价（见表 7-2-5）

表 7-2-5　三台电动机顺序启动、逆序停止的继电控制电路设计及其 PLC 改造评价

班级： 小组： 姓名：		指导教师： 日　期：					
评价项目	评价标准	评价依据	评价方式			权重（%）	得分小计
			学生自评（20%）	小组互评（30%）	教师评价（50%）		
职业素养	1. 作风严谨、自觉遵章守纪 2. 按时按质完成工作任务 3. 积极主动承担工作任务，勤学好问 4. 人身安全与设备安全 5. 工作岗位 7s 完成情况	1. 出勤 2. 工作态度 3. 劳动纪律 4. 团队协作精神				20	

续表

评价项目	评价标准	评价依据	评价方式			权重（%）	得分小计
			学生自评（20%）	小组互评（30%）	教师评价（50%）		
专业能力	1. 继电控制线路设计情况 2. I/O 点分配情况 3. 外部接线图绘制情况 4. 梯形图绘制情况 5. 安装接线情况 6. 自检、互检及试车情况	1. 操作的准确性和规范性 2. 回答问题的准确性 3. 项目完成情况				70	
创新能力	1. 在任务完成过程中能提出自己的见解或方案 2. 在教学或生产管理上提出的建议具有创新性	1. 方案的可行性 2. 建议的可行性				10	
合计							

工作任务拓展

请根据继电器基本控制线路的内容，试设计以下要求线路，画出线路图，并对线路进行 PLC 控制改造。要求：

（1）有两台电机，M1 启动以后，M2 才能启动。

（2）M2 停止以后，M1 才能停止。

（3）电机 M1 能够实现双向启动。

（4）M1、M2 有相应的短路、过载、欠压和失压保护。

课后思考与实践

完成以下要求的线路设计和 PLC 改造。要求：

（1）有三台电机，M1 启动以后，M2 才能启动，M2 启动以后，M3 才能启动。

（2）电机 M3 停止以后，M2 才能停止，M2 停止以后，M1 才能停止。

（3）电机 M1 能够实现降压启动。

（4）三台电机有相应的短路、过载、欠压和失压保护。

任务三　抢答器的继电控制电路设计及其 PLC 改造

学习目标

(1) 学习继电控制电路设计方法；

(2) 通过抢答器的继电控制电路的 PLC 改造，掌握对传统继电控制电路进行 PLC 改造的方法；

(3) 对学习过程和实训成果进行总结。

建议课时：12 学时。

工作任务情境

应某工作小组要求，设计一个可供三组抢答的抢答器系统，该抢答系统的控制要求如下：

(1) 主持人读完题目后，合上抢答器启动开关，启动指示灯亮，三组选手可以开始抢答。三组选手中最先按下抢答器按钮的组有效，该组指示灯亮，其余组将不能再抢答。

(2) 主持人合上抢答器启动开关后，若 10s 内无人抢答，该题作废，撤销抢答指示灯亮，此时三组选手将不能再抢答。

(3) 从第一位选手按下抢答按钮后开始计时，经过 60s 后撤销抢答指示灯亮，提示答题时间到，选手停止答题。

(4) 各指示灯亮后，均需主持人按下复位按钮后才熄灭。

请你根据上述要求设计抢答器的继电控制电路，并对电路进行 PLC 改造。

工作任务准备

一、理论知识

1. 继电控制电路设计方法、步骤

2. 直接设计法设计 PLC 控制程序

在中级工阶段我们介绍了各种继电控制基本电路，同学们需要熟悉这些电路的结构特点和工作原理，并能灵活应用这些基本控制电路进行组合，设计出符合控制要求的较复杂控制电路。继电控制电路设计方法步骤参考任务二，这里不再赘述。

PLC控制程序的直接设计法有两种情况，即根据电气控制线路设计控制程序和根据控制要求设计控制程序。前者在任务一中作了介绍并进行了练习，本任务主要利用后者，根据控制要求（有时以工作任务书的形式给出）设计PLC控制程序。

根据控制要求设计PLC控制程序，其基本步骤如下：

（1）分析控制要求，根据控制要求的描述确定PLC控制的输入输出信号，并进行I/O分配，同时定义在程序中将使用的内部继电器、定时器等软元件。

（2）根据控制要求确定各信号之间的逻辑控制关系，并据此设计出PLC梯形图草图。

（3）优化梯形图程序，完善控制功能，增加必要的保护环节，使程序具有一定的可靠性。

（4）设计并绘制PLC控制系统的电气控制原理图，安装电路。

上述设计步骤与任务一中的设计过程类似。在PLC程序设计中，为了增加程序的可阅读性，使程序逻辑清晰、简洁，还要注意：

（1）程序尽量满足梯形图编程规则，尽量少用复杂的逻辑控制指令，如电路块操作指令使控制逻辑人为复杂化。

（2）每个逻辑行尽量做到功能最简单（特别是初学者），一行只完成一个控制功能，忌把多个输出逻辑置于一个逻辑行中。

（3）增加程序注释，对各种I/O信号以及内部继电器等软元件进行注释，对程序可阅读性来说是非常必要的。

二、准备工具及材料

1. 准备工具

为完成工作任务，每个工作小组需要向仓库工作人员提供借用工具清单（见表7–3–1）。

表7–3–1 借用工具清单

生产单号：________ 领料部门：________ 年 月 日

序号	名称	数量	借出时间	学生签名	归还时间	学生签名	管理员签名	备注

2. 材料的准备

为完成工作任务，每个工作小组需要向仓库工作人员提供借用材料清单（见表7-3-2）。

表 7-3-2 借用材料清单

生产单号：________ 领料部门：________ 年 月 日

序号	名称	数量	借出时间	学生签名	归还时间	学生签名	管理员签名	备注

三、团队分配的方案

根据学生人数合理分成若干小组，每组指定1人为小组长、1人为安全员、1人为领料员，其余为员工。组长负责组织本组相关问题的计划、实施及讨论汇总，填写各组员工作任务实施所需要文字材料的相关记录表等，领料员负责材料领取及分发，安全员负责整个学习、工作过程中人员及设备操作中的安全检查和监督。

工作任务指引（见表7-3-3）

表 7-3-3 任务指引

任务决策或实施方案	本任务设计继电控制电路并进行线路安装，然后采用直接设计法设计程序并在PLC实训设备上进行任务模拟调试和运行	
1	设计抢答器的继电控制电路	电路原理图、电路安装
2	分析抢答器控制要求，进行I/O分配	I/O分配表、内部软元件定义
3	根据逻辑控制要求设计控制程序	梯形图草图
4	优化完善PLC程序	梯形图
5	绘制PLC系统电气控制原理图	按国标要求绘制完整的电气控制原理图，设计合理
6	安装接线，进行程序调试	进行电路连接，下载调试程序，遵守相关安全操作规程
7	实训报告	调试程序使之满足控制要求，并根据上述步骤形成本任务的实训报告

工作任务记录

（1）设计抢答器继电控制电路时，你选择的基本控制电路是________。

（2）为了避免多个继电器同时得电动作，在彼此的______回路中串入对方的常闭触头，这样当一个继电器得电动作时，通过其______触头使其他的继电器不能______，继电器的这种________的作用称为继电联锁控制，也称互锁控制。

（3）PLC 程序中要实现 60s 延时的定时控制，你选用的定时器是________，参数是________。

（4）PLC 程序注释可分为________、________、________等几种，程序注释的作用是________。

工作任务笔记（见表 7-3-4）

表 7-3-4　任务笔记

记录学习过程中的难点、疑问、感悟或想法	
记录学习过程中解决问题的方法、灵感和体会	

工作任务评价（见表 7-3-5）

表 7-3-5　抢答器的继电控制电路设计及其 PLC 改造评价

班级： 小组： 姓名：		指导教师： 日　期：					
评价项目	评价标准	评价依据	评价方式			权重（%）	得分小计
			学生自评（20%）	小组互评（30%）	教师评价（50%）		
职业素养	1. 作风严谨、自觉遵章守纪 2. 按时按质完成工作任务 3. 积极主动承担工作任务，勤学好问 4. 人身安全与设备安全 5. 工作岗位 7s 完成情况	1. 出勤 2. 工作态度 3. 劳动纪律 4. 团队协作精神				20	
专业能力	1. 继电控制线路设计情况 2. I/O 点分配情况 3. 外部接线图绘制情况 4. 梯形图绘制情况 5. 安装接线情况 6. 自检、互检及试车情况	1. 操作的准确性和规范性 2. 回答问题的准确性 3. 项目完成情况				70	
创新能力	1. 在任务完成过程中能提出自己的见解或方案 2. 在教学或生产管理上提出的建议具有创新性	1. 方案的可行性 2. 建议的可行性				10	
合计							

工作任务拓展

请根据本任务的学习内容，试设计以下内容的继电控制线路，画出线路图，并对线路进行 PLC 控制改造。

内容：有五个小组参加知识抢答竞赛；主持人喊开始以后，各个小组才能进行抢答；最先抢到的小组回答时其余小组不能回答；主持人喊开始以后如果在 20s 内没有小组抢答，则该题作废，不再进行问答。

课后思考与实践

在电视节目中经常可以看见抢答器在知识竞赛以及各种抢答游戏中的应用，注意观察实际应用的抢答器，与本任务中的抢答器相比较，还有哪些其他功能？你能通过努力对本任务的控制程序进行改进，使我们设计的抢答器更接近实用情形吗？

任务四　交通信号灯的PLC控制系统设计

学习目标

（1）通过交通信号灯的PLC控制系统设计，了解和掌握PLC控制系统的设计方法；

（2）对学习过程和实训成果进行总结。

建议课时：16学时。

工作任务情境

某十字路口的交通信号灯如图7-4-1所示，控制时序如图7-4-2所示，试根据图示设计交通灯的PLC控制系统。

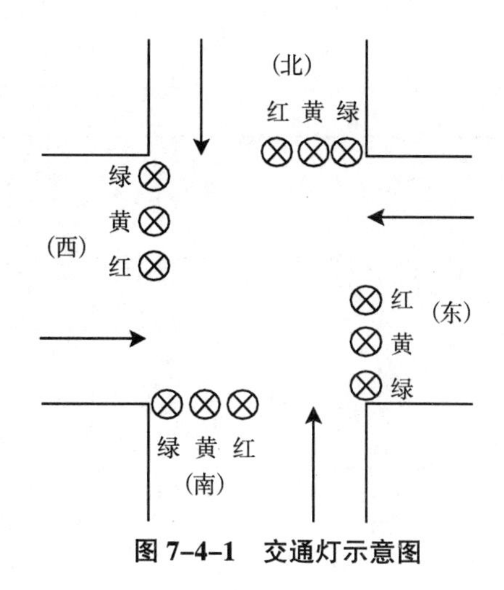

图7-4-1　交通灯示意图

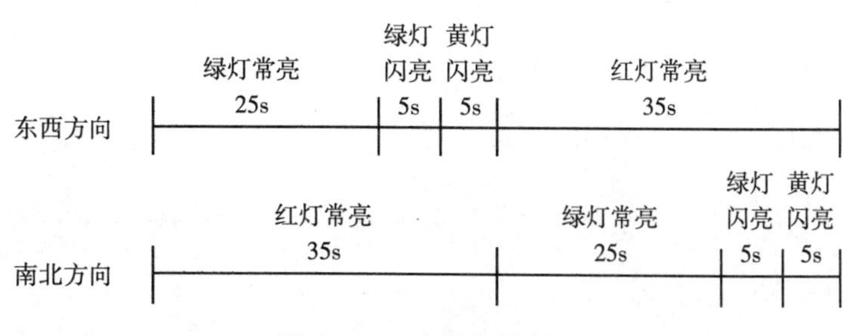

图7-4-2　交通灯时序图

工作任务准备

一、理论知识

(1) 识读信号时序图；

(2) PLC 控制系统设计方法。

二、准备工具及材料

1. 准备工具

为完成工作任务，每个工作小组需要向仓库工作人员提供借用工具清单（见表 7–4–1）。

表 7–4–1　借用工具清单

生产单号：______　领料部门：______　年　月　日

序号	名称	数量	借出时间	学生签名	归还时间	学生签名	管理员签名	备注

2. 材料的准备

为完成工作任务，每个工作小组需要向仓库工作人员提供借用材料清单（见表 7–4–2）。

表 7–4–2　借用材料清单

生产单号：______　领料部门：______　年　月　日

序号	名称	数量	借出时间	学生签名	归还时间	学生签名	管理员签名	备注

三、团队分配的方案

根据学生人数合理分成若干小组，每组指定 1 人为小组长、1 人为安全员、1 人为领料员，其余为员工。组长负责组织本组相关问题的计划、实施及讨论汇总，填写各组员工作任务实施所需要文字材料的相关记录表等，领料员负责材料领取及分发，安全员负责整个学习、工作过程中人员及设备操作中的安全检查和监督。

工作任务指引（见表 7-4-3）

表 7-4-3　任务指引

任务决策或实施方案	应用 PLC 基本指令，采用直接设计法设计程序并在 PLC 实训设备上进行任务模拟调试和运行	
1	分析交通信号灯时序及控制要求，确定 I/O 信号以及使用的内部软元件	I/O 分配表、内部软元件定义
2	设计 PLC 梯形图程序	梯形图
3	绘制 PLC 系统电气控制原理图	按国标要求绘制完整的电气控制原理图，设计合理
4	安装接线，进行程序调试	进行电路连接，下载调试程序，遵守相关安全操作规程
5	实训报告	调试程序使之满足控制要求，并根据上述步骤形成本任务的实训报告

工作过程记录

（1）交通信号灯系统中绿灯闪烁控制你采用的内部软元件是______，该软元件产生周期为______，占空比为______的时钟信号，其线圈由______驱动。

（2）交通信号灯控制系统中的信号切换都是由______信号控制的，在程序中你使用的定时器有______等______个，本程序本质上是时间顺序控制。

（3）本任务控制程序中，你是怎样实现循环控制的？______。

工作任务笔记（见表 7-4-4）

表 7-4-4　任务笔记

记录学习过程中的难点、疑问、感悟或想法	

续表

记录学习过程中解决问题的方法、灵感和体会	

工作任务评价（见表 7-4-5）

表 7-4-5　交通信号灯 PLC 控制系统设计评价

班级：______ 小组：______ 姓名：______		指导教师：______ 日　期：______					
评价项目	评价标准	评价依据	评价方式			权重（%）	得分小计
			学生自评（20%）	小组互评（30%）	教师评价（50%）		
职业素养	1. 作风严谨、自觉遵章守纪 2. 按时按质完成工作任务 3. 积极主动承担工作任务，勤学好问 4. 人身安全与设备安全 5. 工作岗位 7s 完成情况	1. 出勤 2. 工作态度 3. 劳动纪律 4. 团队协作精神				20	
专业能力	1. I/O 点分配情况 2. 外部接线图绘制情况 3. 梯形图绘制情况 4. 安装接线情况 5. 自检、互检及试车情况	1. 操作的准确性和规范性 2. 回答问题的准确性 3. 项目完成情况				70	
创新能力	1. 在任务完成过程中能提出自己的见解或方案 2. 在教学或生产管理上提出的建议具有创新性	1. 方案的可行性 2. 建议的可行性				10	
合计							

工作任务拓展

本任务中用到的时钟信号是 PLC 自带的标准时钟信号（周期 1s、占空比为 1），在很多情况下需要用到不规则的时钟信号，如报警灯的闪烁。定时器的使用是 PLC 编程中很重要的应用，通过查询编程手册等资料，看看如何利用定时器设计频率和占空比任意的时钟信号。设计一个频率为4Hz，占空比为2：3的时钟信号，并用该时钟驱动一个警示灯闪烁。

课后思考与实践

在实际的交通信号灯控制系统中，往往需要考虑白天和晚上车流量的不同而采取不同的控制方式。比如白天采用本任务的工作时序，晚上车流量较小，采用双向黄灯闪烁的方式控制。再比如紧急情况下，可以手动随时调整通行方向以满足某种特殊的通行要求，特殊情况结束后，再恢复正常工作时序，等等。试改进本任务控制程序，增加上述两种控制要求，使程序更具实用性。

任务五　液压动力滑台二次工进的PLC控制系统设计

学习目标

（1）通过交通信号灯的PLC控制系统设计，继续熟悉PLC控制系统的设计方法；

（2）对学习过程和实训成果进行总结。

建议课时：16学时。

工作任务情境

某工厂需要设计一个液压动力滑台二次工进控制系统，要求用PLC设计其控制程序（电磁控制部分）。工作循环及电磁阀动作顺序表如图7-5-1所示。

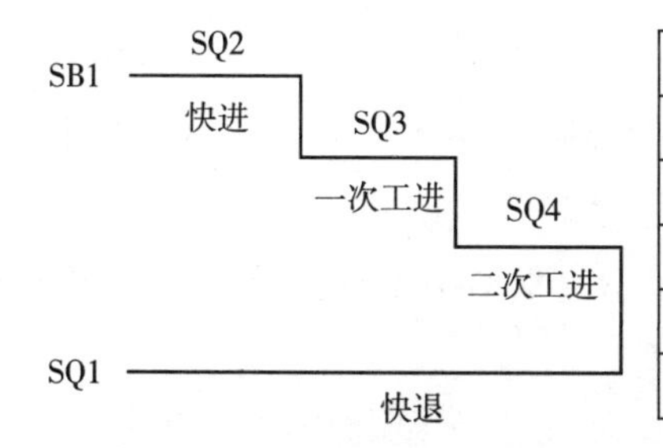

工作状态	YV1	YV2	YV3	YV4
原位	—	—	—	—
快进	+	—	+	—
一次工进	+	—	—	—
二次工进	+	—	—	+
快退	—	+	—	—

图7-5-1　液压动力滑台二次工进系统工作循环及电磁阀动作顺序表

工作任务准备

一、理论知识

液压动力滑台二次工进控制系统的 PLC 程序设计，是 PLC 控制理论的基本应用，利用前面所学相关的 PLC 知识和编程技能完成程序设计与调试：

(1) 本任务是基于 PLC 的控制程序设计，需要了解所用 PLC 基础硬件知识，编程软件的使用，基本指令及步进指令编程，程序调试等相关知识。

(2) 完成本任务可以在 PLC 实训室或一体化实训室进行任务模拟训练，需要 PLC 实训设备一套，导线若干。

“步进控制”就是按照控制工艺要求将控制程序分成一个个相对独立的程序段，即工序（步），并按一定的顺序分段执行，在执行完前一工序后才能激活下一步工序，而在执行下一步工序前，PLC 要先把前一工序清除（复位）。这就好比人走路，要向前走就必须先将后脚离开原支撑点才能一步一步向前迈进，因此形象地称为“步进”。

步进控制可用下列逻辑关系来描述：

(1) 每一步均由前一步和驱动条件产生，每一步产生后要自锁。

(2) 每一步的消失（清除）均是由后一步的产生而引起。

在三菱 PLC 中，用状态元件 S 来表示每一步工序。其中：

(1) S0~S9：用作初始状态。

(2) S10~S19：用作返回原点控制（一般不用）。

(3) S20~S499：用作步进中间状态。

(4) S500~S899：用作断电保持步进状态，停电恢复后继续运行。

(5) S900~S999：用作报警状态（一般不用）。

A. 步进顺控指令。

STL——步进（开始）接点指令，用于激活某个状态，建立该状态的子母线，使该状态的所有操作均在子母线上运行；

RET——步进（结束）返回指令，用于返回子母线，步进程序的结尾必须用 RET 指令，以免出现逻辑错误。

步进控制程序可用步进状态流程图来描述，每一步对应一个状态 S，步进状态 S 的触点为常开触点，必须用 SET 指令来置位（程序跳转惯用 OUT 指令）。在流程图中的每一个状态步，必须包含三个内容，即当前状态的驱动操作（功能任务）、状态切换的转移条件、状态切换的转移目标。说明如下：

(1) 步进程序的起始状态（通常用来设定工作机械的初始位置）S0~S9，位于状态流程图的最前面。初始状态运行开始时，需要利用其他方法事先驱动，通常采用 M8002 辅助继电器驱动 S0 开始，而初始状态以外的一般状态一定要通过来自其他状态的STL指令驱动。在最后一个状态结束时，加入RET指令，表示步进结束。在整个程序的结尾，用END指令结束。

(2) 中间状态程序具有驱动负载、转移条件和转移方向三个内容，有的状态可能不需驱动负载，则可直接进行转移处理。在状态内部（子母线后），与子母线相连的线圈可以直接用OUT指令驱动，也可用SET指令置位以及用RST指令复位，与子母线相连的触点可以直接使用LD或LDI指令。其中，用OUT指令驱动的线圈元件在状态结束停止后自动复位，而用SET置位的元件在状态结束（转移）后仍保持接通，需在适当的位置用RST指令进行复位操作。在不同的状态之间，线圈可以重复输出，定时器/计数器可在非连续的状态之间重复使用。在状态内的子母线将LD、LDI指令写入后，对不需要触点的OUT指令就不能再编程了（输出端下重上轻）；在状态内的子母线将LD、LDI指令写入后方能使用MPS、MRD、MPP堆栈指令。

(3) 状态之间转移的条件可以是单个元件，也可以是多个元件的组合。单个触点可以如X0或$\overline{X0}$，前者表示常开触点动作作为转移条件，后者表示常闭触点复位作为转移条件。多个元件组合成转移条件时，须避免出现逻辑块操作指令和堆栈操作指令。

(4) 状态转移的方向（目标），在转移条件的后面用SET指令将下一状态置位，以表示转移方向。当用SET指令将下一个状态置位后，上一个状态自动复位，不需用RST指令，同时状态发生转移进入到下一个状态。根据状态转移的条件和方向的各种逻辑关系，可以出现循环、跳转、分支、汇合等复杂的状态流程图结构。循环和跳转转移习惯使用OUT指令。

B. 步进顺控编程。

设计步骤如下：

(1) 根据工作任务要求的分析结果，分配PLC的输入点和输出点，列出I/O分配表，画出电气控制原图。

(2) 将控制过程分解为功能相对独立的不同的工序（步），为每个工序分配一个状态元件。

(3) 明确每个状态的任务、功能，负载可由状态直接驱动，也可由其他元件触点的组合逻辑驱动。

(4) 找出状态转移的条件和方向，确定状态流程图的结构，状态转移条件可以是单一的，也可以是多个元件组合的（组合时不能出现逻辑块和堆栈操作，若出现，必须用辅助继电器作等价变换，使用辅助继电器的触点作为新的条件）。

(5) 根据控制工艺要求（流程结构），画出顺序控制的状态流程图。

(6) 根据绘制的状态流程图，转化为相应的梯形图程序。

(7) 输入程序，调试、修改完善程序至满足控制要求。

步进程序设计的重点是状态的划分、各状态的具体任务功能、状态流程图的绘制，以及各种流程图如何转化为梯形图程序。

二、准备工具及材料

1. 准备工具

为完成工作任务，每个工作小组需要向仓库工作人员提供借用工具清单（见表7-5-1）。

表 7-5-1　借用工具清单

生产单号：＿＿＿＿＿＿＿　领料部门：＿＿＿＿＿＿＿　年　月　日

序号	名称	数量	借出时间	学生签名	归还时间	学生签名	管理员签名	备注

2. 材料的准备

为完成工作任务，每个工作小组需要向仓库工作人员提供借用材料清单（见表7-5-2）。

表 7-5-2　借用材料清单

生产单号：＿＿＿＿＿＿＿　领料部门：＿＿＿＿＿＿＿　年　月　日

序号	名称	数量	借出时间	学生签名	归还时间	学生签名	管理员签名	备注

三、团队分配的方案

根据学生人数合理分成若干小组，每组指定 1 人为小组长、1 人为安全员、1 人为领料员，其余为员工。组长负责组织本组相关问题的计划、实施及讨论汇总，填写各组员工作任务实施所需要文字材料的相关记录表等，领料员负责材料领取及分发，安全员负责整个学习、工作过程中人员及设备操作中的安全检查和监督。

工作任务指引（见表 7-5-3）

表 7-5-3 任务指引

任务决策或实施方案	本任务选择三菱 FX 系列 PLC，采用步进指令编程在 PLC 实训设备上进行任务模拟训练，采用其他品牌 PLC 的同学可以参考本节内容	
1	阅读工作任务，分析控制要求。根据分析结果进行 PLC 选型	分析系统输入/输出信号个数，PLC 选型，要留有余量
2	根据控制要求分析，分配 PLC 的 I/O 控制端子，以表格形式列出	形成 I/O 端子分配表，含各端子对应的外部器件及其作用
3	设计并绘制电气控制原理图	按国标要求绘制完整的电气控制原理图，设计合理
4	根据控制工艺流程，绘制步进顺控流程图	绘制顺控流程图
5	根据顺控流程图采用步进指令编程控制程序或采用 SFC 编程	使用编程软件，设计编辑梯形图（或 SFC）程序
6	安装接线，进行程序调试	进行电路连接，下载调试程序，遵守相关安全操作规程
7	实训报告	调试程序使之满足控制要求，并根据上述步骤形成本任务的实训报告

工作任务记录

（1）本任务需要输入信号数______个，输出信号数______个，你选择的 PLC 品牌型号是______，请你解释该型号各部分的含义。

（2）步进指令有______条，它们是____________________________。

（3）步进编程一般均需要进行原位控制，原位控制通常采用状态步是______，原位状态也就是系统处于______状态，即准备运行状态。本任务中从原位触发进入运行状态的状态转移信号是______，从运行状态触发返回原位状态的状态转移信号是______。

（4）维修电工安全操作规程规定，在进行接线或改接线时，必须在______状态下进行。

工作任务笔记（见表 7-5-4）

表 7-5-4 任务笔记

记录学习过程中的难点、疑问、感悟或想法	

续表

记录学习过程中解决问题的方法、灵感和体会	

工作任务评价（见表 7–5–5）

表 7–5–5 液压动力滑台二次工进的 PLC 控制系统设计评价

班级： 小组： 姓名：		指导教师： 日　期：					
评价项目	评价标准	评价依据	评价方式			权重（%）	得分小计
			学生自评（20%）	小组互评（30%）	教师评价（50%）		
职业素养	1. 作风严谨、自觉遵章守纪 2. 按时按质完成工作任务 3. 积极主动承担工作任务，勤学好问 4. 人身安全与设备安全 5. 工作岗位 7s 完成情况	1. 出勤 2. 工作态度 3. 劳动纪律 4. 团队协作精神				20	
专业能力	1. I/O 点分配情况 2. 外部接线图绘制情况 3. 梯形图绘制情况 4. 安装接线情况 5. 自检、互检及试车情况	1. 操作的准确性和规范性 2. 回答问题的准确性 3. 项目完成情况				70	
创新能力	1. 在任务完成过程中能提出自己的见解或方案 2. 在教学或生产管理上提出的建议具有创新性	1. 方案的可行性 2. 建议的可行性				10	
合计							

工作任务拓展

在工业控制程序中，通常有几种不同的控制要求（控制方式），并且可以进行切换。比如要求系统完成一个工作周期后自动停止，也可以完成一个工作周期后自动进入下一个工作周期进行循环操作，两种控制方式在系统停止状态下可以手动进行切换。请改进你的控制程序，使其具有上述两种控制方式。

课后思考与实践

（1）比较步进指令编程和 SFC 编程两者的异同，理解步进指令编程的一些常见注意事项。

（2）采用基本指令编程，利用辅助继电器表示状态，同样可以实现步进指令相同的效果。试一试采用基本指令编程完成本工作任务。

任务六　多种液体混合的 PLC 控制系统设计

学习目标

（1）通过多种液体混合的 PLC 控制系统设计，继续熟悉 PLC 控制系统的设计方法；

（2）对学习过程和实训成果进行总结。

建议课时：16 学时

工作任务情境

某工厂要求设计三种液体混合装置，L1、L2、L3 为液面传感器，液体 A、B、C 的注入由电磁阀 Y1、Y2、Y3 控制，Y4 为液体排出电磁阀，M 为搅匀电机，T 为温度传感器，H 为加热电炉。如图 7-6-1 所示。

三种液体混合控制系统的控制要求及流程如下：

1. 初始状态

液体混合模拟装置投入运行时，容器是空的，液体 A、B、C，阀门 Y1、Y2、Y3 及混合液阀门关闭。此时 Y1、Y2、Y3、Y4 电磁阀和搅拌机均为 OFF，液面传感器 L1、L2、L3 均为 OFF。

2. 启动操作

（1）按下启动按钮 SB0，开始下列操作：电磁阀 Y1 闭合（Y1=ON），开始注入液体 A，至液面高度为 L3（L3=ON）时，停止注入液体 A（Y1=OFF），同时开启液体 B 电磁阀 Y2（Y2=ON），注入液体 B，当液面高度为 L2（L2=ON）时，停止注入液体 B（Y2=OFF），同时开启液体 C 电磁阀 Y3（Y3=ON）注入液体 C，当液面高度为 L1（L1=

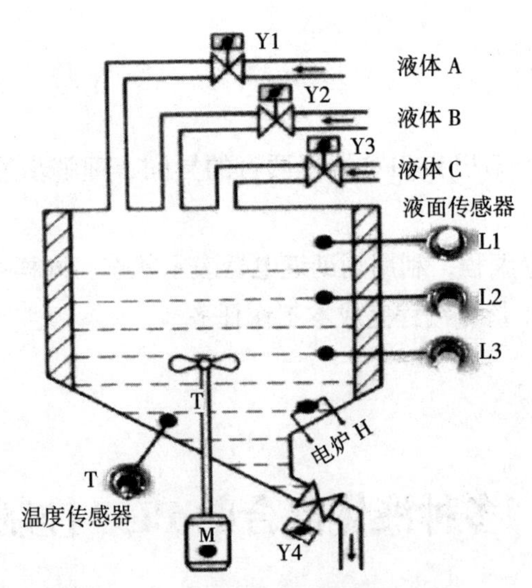

图 7-6-1　三种液体混合装置示意图

ON）时，停止注入液体 C（Y3=OFF）。

（2）停止液体 C 注入时，开启搅拌机 M（M=ON，搅拌机 M 由变流接触器 KM 控制），搅拌混合时间为 10 秒。

（3）停止搅拌后加热器 H 开始加热（H=ON）。当混合液温度达到某一指定值时，温度传感器 T 动作（T=ON），加热器 H 停止加热（H=OFF）。

（4）加热器 H 停止加热后，开始放出混合液体（Y4=ON），至液体高度降为 L3 后，再经 5 秒停止放出（Y4=OFF）。

3. 停止操作

按下停止按钮 SB1 后，停止操作，回到初始状态。要求用 PLC 设计其控制程序。

工作任务准备

一、理论知识

三种液体混合控制系统是以任务书的形式给出控制要求描述，内容相对来说较复杂，本节所需要的知识储备及实训器材如下：

（1）阅读工作任务书的基本能力，要求同学们具有一定的文字功底，特别是有些比较复杂的工作任务要求，阅读起来有一定困难，要求我们多读多练，最终快速把握工作任务的主要工艺流程。

（2）本任务是基于 PLC 的控制程序设计，需要继续熟悉所用 PLC 基础硬件和编程软件的使用，掌握步进指令编程、程序调试等相关知识，了解传感器的相关知识。

（3）完成本任务可以在 PLC 实训室或一体化实训室进行任务模拟训练，需要 PLC 实训设备一套，导线若干。

传感器是将非电量转换成为电量的检测装置或器件，如本任务中的温度传感器T和液位高度传感器L1、L2、L3，检测混合液体的温度以及各液面高度信号，并将其转换成PLC能够处理的开关信号送入PLC进行处理。从本质上说，传感器的作用就相当于开关，当检测到外部信号时，相当于开关闭合，把控制信号送入PLC。因此我们在模拟任务时，可以采用开关来代替传感器进行信号输入。用手动闭合开关来模拟传感器检测到相应的温度信号或液位高度信号，以实现程序的控制。

二、准备工具及材料

1. 准备工具

为完成工作任务，每个工作小组需要向仓库工作人员提供借用工具清单（见表7-6-1）。

表7-6-1 借用工具清单

生产单号：＿＿＿＿＿＿＿＿ 领料部门：＿＿＿＿＿＿＿＿ 年 月 日

序号	名称	数量	借出时间	学生签名	归还时间	学生签名	管理员签名	备注

2. 材料的准备

为完成工作任务，每个工作小组需要向仓库工作人员提供借用材料清单（见表7-6-2）。

表7-6-2 借用材料清单

生产单号：＿＿＿＿＿＿＿＿ 领料部门：＿＿＿＿＿＿＿＿ 年 月 日

序号	名称	数量	借出时间	学生签名	归还时间	学生签名	管理员签名	备注

三、团队分配的方案

根据学生人数合理分成若干小组，每组指定 1 人为小组长、1 人为安全员、1 人为领料员，其余为员工。组长负责组织本组相关问题的计划、实施及讨论汇总，填写各组员工作任务实施所需要文字材料的相关记录表等，领料员负责材料领取及分发，安全员负责整个学习、工作过程中人员及设备操作中的安全检查和监督。

工作任务指引（见表 7–6–3）

表 7–6–3　任务指引

任务决策或实施方案	本任务选择三菱 FX 系列 PLC，采用步进指令编程在 PLC 实训设备上进行任务模拟训练，采用其他品牌 PLC 的同学可以参考本节内容	
1	阅读工作任务，分析控制要求。根据分析结果进行 PLC 选型	分析系统输入/输出信号个数，PLC 选型，要留有余量
2	根据控制要求分析，分配 PLC 的 I/O 控制端子，以表格形式列出	形成 I/O 端子分配表，含各端子对应的外部器件及其作用
3	设计并绘制电气控制原理图	按国标要求绘制完整的电气控制原理图，设计合理
4	根据控制工艺流程，绘制步进顺控流程图	绘制顺控流程图
5	根据顺控流程图采用步进指令编程控制程序或采用 SFC 编程	使用编程软件，设计编辑梯形图（或 SFC）程序
6	安装接线，进行程序调试	进行电路连接，下载调试程序，遵守相关安全操作规程
7	实训报告	调试程序使之满足控制要求，并根据上述步骤形成本任务的实训报告

工作任务记录

（1）本任务中用到的传感器，在实训时可以采用________来代替，因为从本质上说，传感器的作用就相当于无触点的________，在 PLC 中作为控制信号输入。

（2）本任务中电炉 H 的作用是________，你给它分配的 I/O 端子是________。

（3）本任务的系统原位是______________________，你的控制程序中系统返回原位的条件是____________________。

工作任务笔记（见表7-6-4）

表7-6-4 任务笔记

记录学习过程中的难点、疑问、感悟或想法	
记录学习过程中解决问题的方法、灵感和体会	

工作任务评价（见表7-6-5）

表7-6-5 多种液体混合的PLC控制系统设计评价

<table>
<tr><td colspan="3">班级：
小组：
姓名：</td><td colspan="6">指导教师：
日　期：</td></tr>
<tr><td rowspan="2">评价项目</td><td rowspan="2">评价标准</td><td rowspan="2">评价依据</td><td colspan="3">评价方式</td><td rowspan="2">权重（%）</td><td rowspan="2">得分小计</td></tr>
<tr><td>学生自评（20%）</td><td>小组互评（30%）</td><td>教师评价（50%）</td></tr>
<tr><td>职业素养</td><td>1. 作风严谨、自觉遵章守纪
2. 按时按质完成工作任务
3. 积极主动承担工作任务，勤学好问
4. 人身安全与设备安全
5. 工作岗位7s完成情况</td><td>1. 出勤
2. 工作态度
3. 劳动纪律
4. 团队协作精神</td><td></td><td></td><td></td><td>20</td><td></td></tr>
<tr><td>专业能力</td><td>1. I/O点分配情况
2. 外部接线图绘制情况
3. 梯形图绘制情况
4. 安装接线情况
5. 自检、互检及试车情况</td><td>1. 操作的准确性和规范性
2. 回答问题的准确性
3. 项目完成情况</td><td></td><td></td><td></td><td>70</td><td></td></tr>
</table>

续表

评价项目	评价标准	评价依据	评价方式			权重（%）	得分小计
			学生自评（20%）	小组互评（30%）	教师评价（50%）		
创新能力	1. 在任务完成过程中能提出自己的见解或方案 2. 在教学或生产管理上提出的建议具有创新性	1. 方案的可行性 2. 建议的可行性				10	
合计							

工作任务拓展

在工业控制程序中，系统停止的设计有多种，包括正常停止、条件停止和紧急停止等。正常停止是在按下停止按钮后，系统完成当前工作周期后自动停止，这种情况下，需要使用辅助继电器记录停止按钮的动作情况，在每个工作周期的最后进行判断，若在这个工作周期内按下了停止按钮，则系统停止，返回原位，否则进入下一个工作周期，循环运行。条件停止是在满足特定工作条件下停止系统运行的一种控制方式，停止条件在控制要求当中进行规定，比如要求系统每次工作三个工作周期后自动停止，就是属于条件停止。条件停止需要在工作周期最后进行条件的判断，满足停止条件时停止，否则进入下一个工作周期循环运行。紧急停止是工业控制程序中经常碰到的问题，在系统遇到紧急情况时，按下急停按钮，系统立即停止，并保持当前工作状态不变，紧急情况解除后，再按启动按钮，系统紧接着急停前的状态继续运行（也可能进行其他的处理，根据控制要求不同进行不同的处理）。试一试，通过改进你的程序，分别加入上述功能（可能需要增加个别外部器件，如急停按钮）。

课后思考与实践

（1）为了节省 PLC 控制端子，可以采用一个按钮来控制系统的启动和停止，即单按钮启停控制。本任务可以采用 SB0 作为启停控制按钮，按一次启动，再按一次停止，则 SB1 就可以作其他用途，如急停。请你试着使用单按钮启停控制方式，对上述程序进行改写，调试程序，看看控制效果。

（2）采用基本指令编程，利用辅助继电器表示状态，同样可以实现步进指令相同的效果。试一试采用基本指令编程完成本工作任务。总结一下这两种编程方式在思路上有什么不同。

项目八　变频器的应用

任务一　FR-E740 变频器面板控制方式应用

 **学习目标**

（1）了解变频器的一般应用：控制模式、常用参数等；
（2）使用 FR-E740 变频器组建简单电机控制系统，熟悉其面板控制方式的应用；
（3）对学习过程和实训成果进行总结。
建议课时：10 学时

工作任务情境

某控制设备上的一台三相交流异步电动机，要求通过操作台方便启停并控制电机转速，电机转速在较大范围内任意可调。设计该电机的控制电路。

工作任务准备

一、理论知识

本节所需要的知识储备及实训器材：

（1）了解变频器的知识及其应用。

（2）FR-E740 变频器的控制模式及参数应用。

（3）可在交流调速或一体化实训室完成本节任务，需要 FR-E740 变频器一台，三相交流异步电动机一台，导线若干。

根据三相交流异步电动机速度公式 $n=(1-s)\frac{60f}{p}$，当保持转差率及磁极对数不变的情况下，如果改变输入电源的频率 f，即可调节电动机的转速，这种调速方式称为变频调速。变频调速具有效率高、调速范围宽、精度高、调速平稳、可以实现无级调速等优点，在现代交流电动机调速领域得到广泛应用。

变频器（Variable-frequency Driver）是变频调速的核心设备，它应用变频技术及微电子技术，通过改变交流电机工作电源的频率来控制电机的转速。变频器主要由整流电路、滤波电路、逆变电路、驱动电路以及微处理单元组成。额定频率的交流电（如50Hz）输入变频器，经整流电路整流成脉动直流电，脉动直流信号经过滤波电路的滤波处理，过滤掉电路的高次谐波后，再由逆变电路将处理过的直流信号逆变成交流信号输出，合理控制逆变电路开关元件的动作频率，就可以改变变频器输出电压及其频率，这就是变频器的基本工作原理。

变频器的信号处理工作流程及基本结构如图 8-1-1 所示，控制电路主要为各环节提供触发驱动信号。

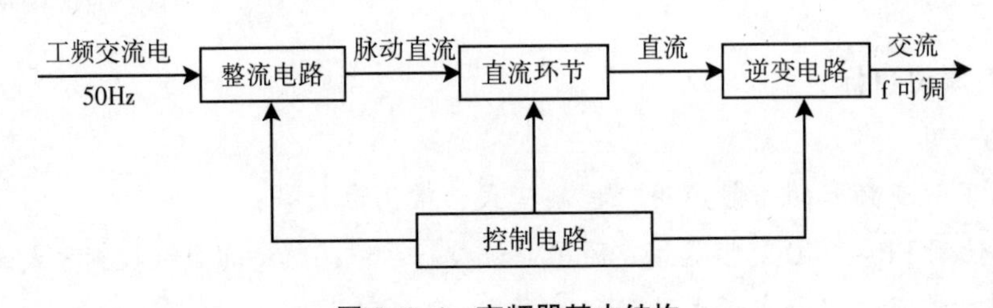

图 8-1-1　变频器基本结构

通过变频器控制电动机的调速，必须给变频器两个控制信号：启停控制信号和频率（转速）信号，二者缺一不可，否则电机无法启动。对变频器启停信号和频率信号的来源进行指定称为变频器的控制模式，变频器控制信号既可以从面板指定，也可以从外部控制端子指定，也可以是二者的组合。

使用变频器对电机进行控制，设置变频器的参数是关键，变频器的几个常用参数需要理解并记住，其他参数可以参考变频器操作手册。必须知道的常用的变频器参数包括：

（1）恢复出厂设置的参数。在使用变频器之前，为防止出现意外，需要先清除变频器内部设置过的参数，再根据控制要求设置需要的参数。

（2）控制模式选择参数。如前所述，必须根据电路设计指定变频器启停信号和频率信号的来源，变频器才能按意愿控制电机运行。

（3）多段速频率设定参数。通过参数指定电动机的转速，这时需要采用端子控制模式。

变频器功能强大，调速性能优越，应用广泛，但如果使用不当，不但影响变频器调速性能，还可能发生安全事故。

变频器使用时需要注意：

（1）电源不能接到输出端（U、V、W），否则变频器将损坏。

（2）变频器接地要可靠。

（3）变频器接线总长不要超过 500m，动力线和信号线最少间隔 10cm，以防信号干扰。

（4）变频器输出侧禁止安装电容器及浪涌吸收电路，否则将导致变频器跳闸或损坏。

（5）使用时，在进行参数设置前，务必执行恢复出厂设置操作，防止别人设置的参数对你的控制造成影响，发生误动作或安全事故。

我们选择三菱 FR-E740 变频器来完成本节任务。FR-E740 是三菱 E700 系列变频器，40 是该变频器的额定电压，等级为 400V，对应我们三相交流电的线电压（380V），因此该变频器为三相变频器，同理 FR-E720 为该系列的单相变频器。

FR-E740 变频器常用参数如下：

参 数	功 能	参数缺省值
ALLC	清除所有参数（恢复出厂设置）	0
P79	控制模式选择	0
P4	高速频率设置	50
P5	中速频率设置	30
P6	低速频率设置	10

变频器控制模式选择参数说明如下：

参数号	名 称	参数值	意 义	说 明
Pr.79	运行模式选择	0	PU/EXT 切换模式	缺省设置，模式通过按钮切换
		1	固定 PU 模式	面板控制模式
		2	固定 EXT 模式	端子控制模式
		3	PU/EXT 组合模式 1	面板设定频率，外部端子启停
		4	PU/EXT 组合模式 2	外部端子设定频率，面板启停

本节任务采用变频器面板控制模式（PU 模式）即可实现控制要求。面板控制不用外部端子信号，只需连接变频器主电路，主电路连接如图 8-1-2 所示。

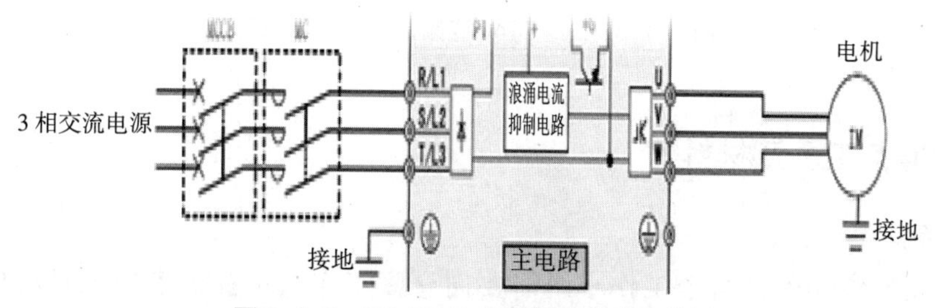

图 8-1-2 FR-E740 变频器主电路连接图

在简单应用情况下，变频器电源输入侧的接触器可以省去，直接连接三相交流电源。

FR-E740 面板及其意义如图 8-1-3 所示。

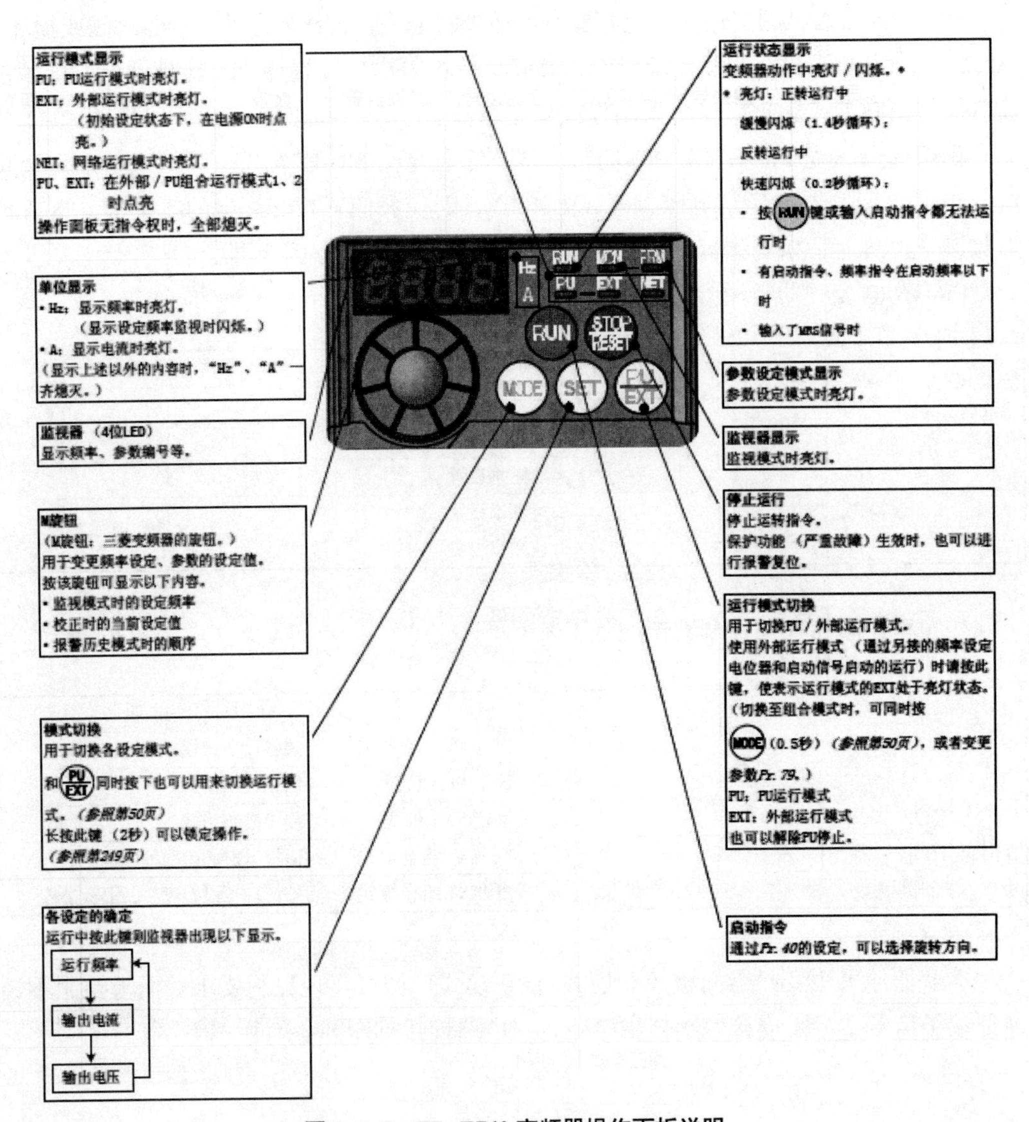

图 8-1-3　FR-E740 变频器操作面板说明

二、准备工具及材料

1. 准备工具

为完成工作任务，每个工作小组需要向仓库工作人员提供借用工具清单（见表 8-1-1）。

表 8-1-1　借用工具清单

生产单号：＿＿＿＿＿＿　领料部门：＿＿＿＿＿＿　年　月　日

序号	名称	数量	借出时间	学生签名	归还时间	学生签名	管理员签名	备注

2. 材料的准备

为完成工作任务，每个工作小组需要向仓库工作人员提供借用材料清单（见表 8-1-2）。

表 8-1-2　借用材料清单

生产单号：＿＿＿＿＿＿　领料部门：＿＿＿＿＿＿　年　月　日

序号	名称	数量	借出时间	学生签名	归还时间	学生签名	管理员签名	备注

三、团队分配的方案

根据学生人数合理分成若干小组，每组指定 1 人为小组长、1 人为安全员、1 人为领料员，其余为员工。组长负责组织本组相关问题的计划、实施及讨论汇总，填写各组员工作任务实施所需要文字材料的相关记录表等，领料员负责材料领取及分发，安全员负责整个学习、工作过程中人员及设备操作中的安全检查和监督。

工作任务指引（见表 8-1-3）

表 8-1-3　任务指引

任务决策或实施方案	本任务可以通过面板控制变频器运行，按钮 RUN 运行，按钮 STOP 停止，M 旋钮调节速度（根据要求手动调节）	
1	设计电路图，电路接线	绘制电路图，输入输出不能接反，严格接地
2	设置变频器参数	以表格的形式列出需要设置的变频器参数
3	运行调试，完成实训报告	实训报告

工作任务记录

（1）变频器的控制模式是指________________________________。

（2）FR-E740 型变频器的控制模式参数是__________，本任务你设置该参数的参数值是__________。

（3）设置恢复出厂设置的目的是________________，参数是__________。

工作任务笔记（见表 8-1-4）

表 8-1-4　任务笔记

记录学习过程中的难点、疑问、感悟或想法	
记录学习过程中解决问题的方法、灵感和体会	

工作任务评价（见表 8-1-5）

表 8-1-5 FR-E740 变频器面板控制方式应用评价

班级： 小组： 姓名：		指导教师： 日　　期：					
评价项目	评价标准	评价依据	评价方式			权重（%）	得分小计
			学生自评（20%）	小组互评（30%）	教师评价（50%）		
职业素养	1. 作风严谨、自觉遵章守纪 2. 按时按质完成工作任务 3. 积极主动承担工作任务，勤学好问 4. 人身安全与设备安全 5. 工作岗位 7s 完成情况	1. 出勤 2. 工作态度 3. 劳动纪律 4. 团队协作精神				20	
专业能力	1. 电路图设计情况 2. 电路接线情况 3. 变频器参数设置情况 4. 自检、互检及试车情况	1. 操作的准确性和规范性 2. 回答问题的准确性 3. 项目完成情况				70	
创新能力	1. 在任务完成过程中能提出自己的见解或方案 2. 在教学或生产管理上提出的建议具有创新性	1. 方案的可行性 2. 建议的可行性				10	
合计	、						

工作任务拓展

目前不同厂家生产的变频器没有统一的标准，但在使用上大都类似：恢复出厂设置、指定控制模式、设置其他控制参数、连接电路等步骤。通过查询资料或手册，使用其他的变频器（如松下 VF0 小型通用变频器）实现上述控制，实现相同的控制效果。

课后思考与实践

（1）通过实训，总结变频器实训步骤，总结 FR-E740 变频器参数设置步骤并写下来。

（2）通过实训操作，你认为变频器面板控制适用于哪些场合？

任务二　FR-E740 变频器端子控制方式应用

 学习目标

(1) 继续了解变频器的一般应用：控制模式、常用参数等；

(2) 使用 FR-E740 变频器组建简单电机控制系统，熟悉其端子控制方式的应用；

(3) 对学习过程和实训成果进行总结。

建议课时：10 学时。

工作任务情境

某生产设备上的皮带输送机由变频器驱动三相交流异步电动机控制，要求如下：按下启动按钮 SB1 后，皮带输送机以 25Hz 的频率正转启动；15s 后，皮带输送机变为以 45Hz 的频率正转；再过 15s，皮带输送机变为以 10Hz 的频率正转；10s 后皮带输送机变为以 25Hz 的频率反转；反转 10s 后自动停止。停止后再次按下启动按钮后，皮带重复以上运行过程（电动机启停时间自定，变频器默认均为 5s）。设计控制电路及控制程序，绘制电气控制原理图。

工作任务准备

一、理论知识

(1) FR-E740 变频器外部接线端子的意义及其使用，变频器与 PLC 设备的综合应用。

FR-E740 变频器外部接线端子如图 8-2-1 所示。

(2) 变频器端子控制模式是利用外部端子信号通过开关或其他方式，把信号输入端子与公共端连通，如缺省情况下用导线把 STF 和 SD 连通，即输入变频器正转控制信号。在实际控制系统中，简单应用时变频器控制信号可以从外部端子用按钮控制。如果要实现自动控制的场合，则变频器可以和 PLC 组成综合控制系统，通过 PLC 的输出信号作为变频器的外部端子控制信号，利用 PLC 程序实现自动控制。

变频器与 PLC 综合控制系统的电路连接如图 8-2-2 所示。

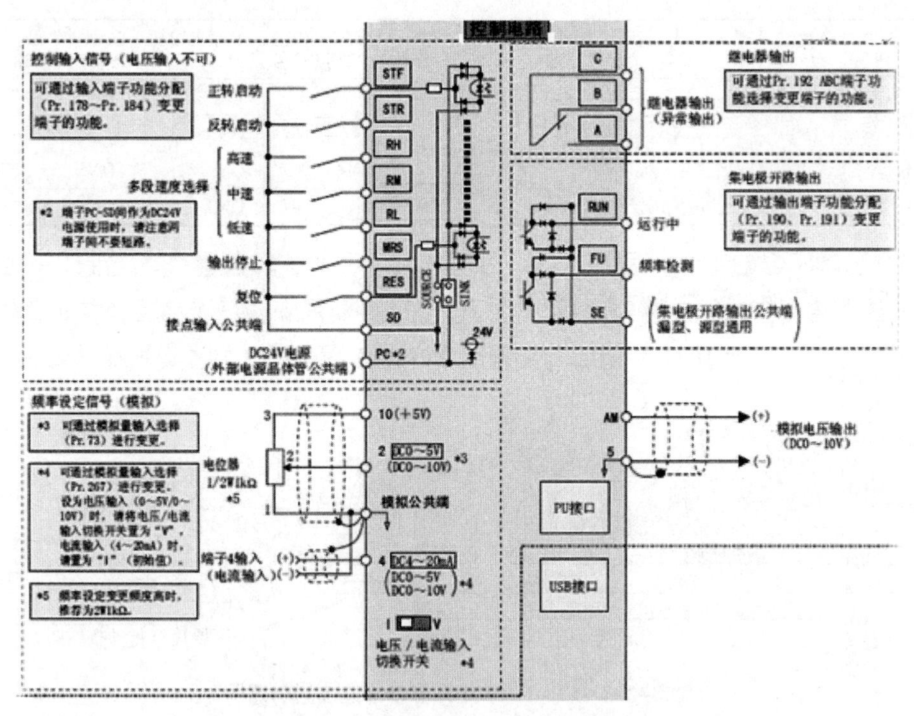

图 8-2-1　FR-E740 变频器外部端子接线

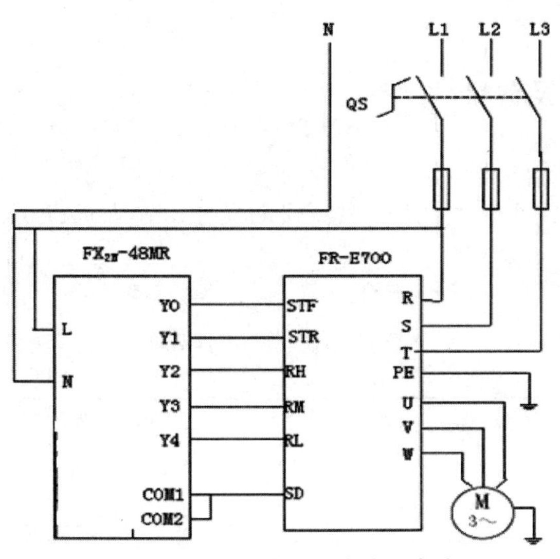

图 8-2-2　PLC 变频器综合应用电路图

（3）使用变频器控制端子 RH、RM、RL 中的某个信号控制，分别控制高速、中速、低速三种速度。当变频器控制的速度超过三种，就要使用这些控制端子的信号组合了，称为多段速控制。三个信号根据二进制编码组合成八种控制信号，去掉“000”的无效组合，可以控制七个速度，简称“七段速”控制。FR-E740 变频器最多可控制 15 种不同的电机转速，如下表所示（REX 端子通过将 Pr178~Pr184 设为 8 速定义）：

	1 速 Pr4	2 速 Pr5	3 速 Pr6	4 速 Pr24	5 速 Pr25	6 速 Pr26	7 速 Pr27	8 速 Pr232	9 速 Pr233	10 速 Pr234	11 速 Pr235	12 速 Pr236	13 速 Pr237	14 速 Pr238	15 速 Pr239
RH	ON				ON	ON	ON					ON	ON	ON	ON
RM		ON		ON		ON	ON			ON	ON			ON	ON
RL			ON	ON	ON		ON		ON		ON		ON		ON
REX	七段速该信号不用							ON	ON	ON	ON	ON	ON	ON	ON

多段速应用时的控制及电路连接如图 8-2-3 所示。

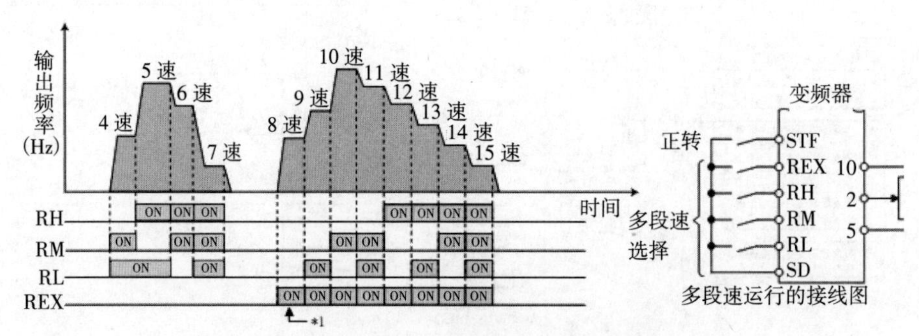

图 8-2-3　FR-E740 变频器多段速控制示意图

注：* 在设定 Pr232 多段速设定（8 速）=“9999”的情况下，当 RH、RM、RL 为 OFF，REX 为 ON 时，将以 Pr6 的频率进行动作。

二、准备工具及材料

1. 准备工具

为完成工作任务，每个工作小组需要向仓库工作人员提供借用工具清单（见表 8-2-1）。

表 8-2-1　借用工具清单

生产单号：________　领料部门：________　　　　年　　月　　日

序号	名称	数量	借出时间	学生签名	归还时间	学生签名	管理员签名	备注

2. 材料的准备

为完成工作任务，每个工作小组需要向仓库工作人员提供借用材料清单（见表8-2-2）。

表 8-2-2　借用材料清单

生产单号：______　领料部门：______　年　月　日

序号	名称	数量	借出时间	学生签名	归还时间	学生签名	管理员签名	备注

三、团队分配的方案

根据学生人数合理分成若干小组，每组指定1人为小组长、1人为安全员、1人为领料员，其余为员工。组长负责组织本组相关问题的计划、实施及讨论汇总，填写各组员工作任务实施所需要文字材料的相关记录表等，领料员负责材料领取及分发，安全员负责整个学习、工作过程中人员及设备操作中的安全检查和监督。

工作任务指引（见表 8-2-3）

表 8-2-3　任务指引

任务决策或实施方案	本任务 EXT 模式控制变频器运行，变频器与 PLC 程序实现自动控制	
1	设计电气控制原理图	绘制电气控制原理图
2	连接电路	主电路和控制电路连接
3	设置变频器参数	表格形式列出变频器参数
4	编制 PLC 控制程序	编辑、调试控制程序（基本指令或步进指令）
5	系统综合调试	综合调试程序
6	总结任务，完成本任务实训报告	实训报告

工作任务记录

（1）FR-E740 型变频器与 PLC 组成综合控制系统时，需要要选择变频器的______控制模式，在该模式下，需要设置变频器的参数______的参数值设成______。

（2）本任务中你把参数________设置为45Hz，参数________设为25Hz，参数设为10Hz。

（3）变频器实现多段速控制时，FR–E740缺省情况下可以控制________种速度。

工作任务笔记（见表8–2–4）

表8–2–4　任务笔记

记录学习过程中的难点、疑问、感悟或想法	
记录学习过程中解决问题的方法、灵感和体会	

工作任务评价（见表8–2–5）

表8–2–5　FR–E740变频器端子控制方式应用评价

<table>
<tr><td colspan="3">班级：________
小组：________
姓名：________</td><td colspan="5">指导教师：________
日　期：________</td></tr>
<tr><td rowspan="2">评价项目</td><td rowspan="2">评价标准</td><td rowspan="2">评价依据</td><td colspan="3">评价方式</td><td rowspan="2">权重（%）</td><td rowspan="2">得分小计</td></tr>
<tr><td>学生自评（20%）</td><td>小组互评（30%）</td><td>教师评价（50%）</td></tr>
<tr><td>职业素养</td><td>1. 作风严谨、自觉遵章守纪
2. 按时按质完成工作任务
3. 积极主动承担工作任务，勤学好问
4. 人身安全与设备安全
5. 工作岗位7s完成情况</td><td>1. 出勤
2. 工作态度
3. 劳动纪律
4. 团队协作精神</td><td></td><td></td><td></td><td>20</td><td></td></tr>
</table>

续表

评价项目	评价标准	评价依据	评价方式			权重(%)	得分小计
			学生自评(20%)	小组互评(30%)	教师评价(50%)		
专业能力	1. 电路图设计情况 2. 电路接线情况 3. 变频器参数设置情况 4. PLC 控制程序编制情况 5. 自检、互检及试车情况	1. 操作的准确性和规范性 2. 回答问题的准确性 3. 项目完成情况				70	
创新能力	1. 在任务完成过程中能提出自己的见解或方案 2. 在教学或生产管理上提出的建议具有创新性	1. 方案的可行性 2. 建议的可行性				10	
合计							

工作任务拓展

触摸屏也是现在自动控制系统中用到的重要设备，触摸屏经常和 PLC、变频器构成综合的控制系统。通过查阅资料，把本任务拓展成上述三种设备的综合控制系统。触摸屏主要用作监视、控制系统工作，方便适用。触摸屏在 PLC 控制系统中主要解决两个问题：控制页面的制作、触摸屏与 PLC 通信。亲自动手试一试。

课后思考与实践

根据本节介绍的变频器多段速控制，试着设计一个采用 FR-E740 变频器控制电机多种运行速度的控制系统。亲手调试看一看，理解多段速控制特点。